AF558472

Passion Oldtimer

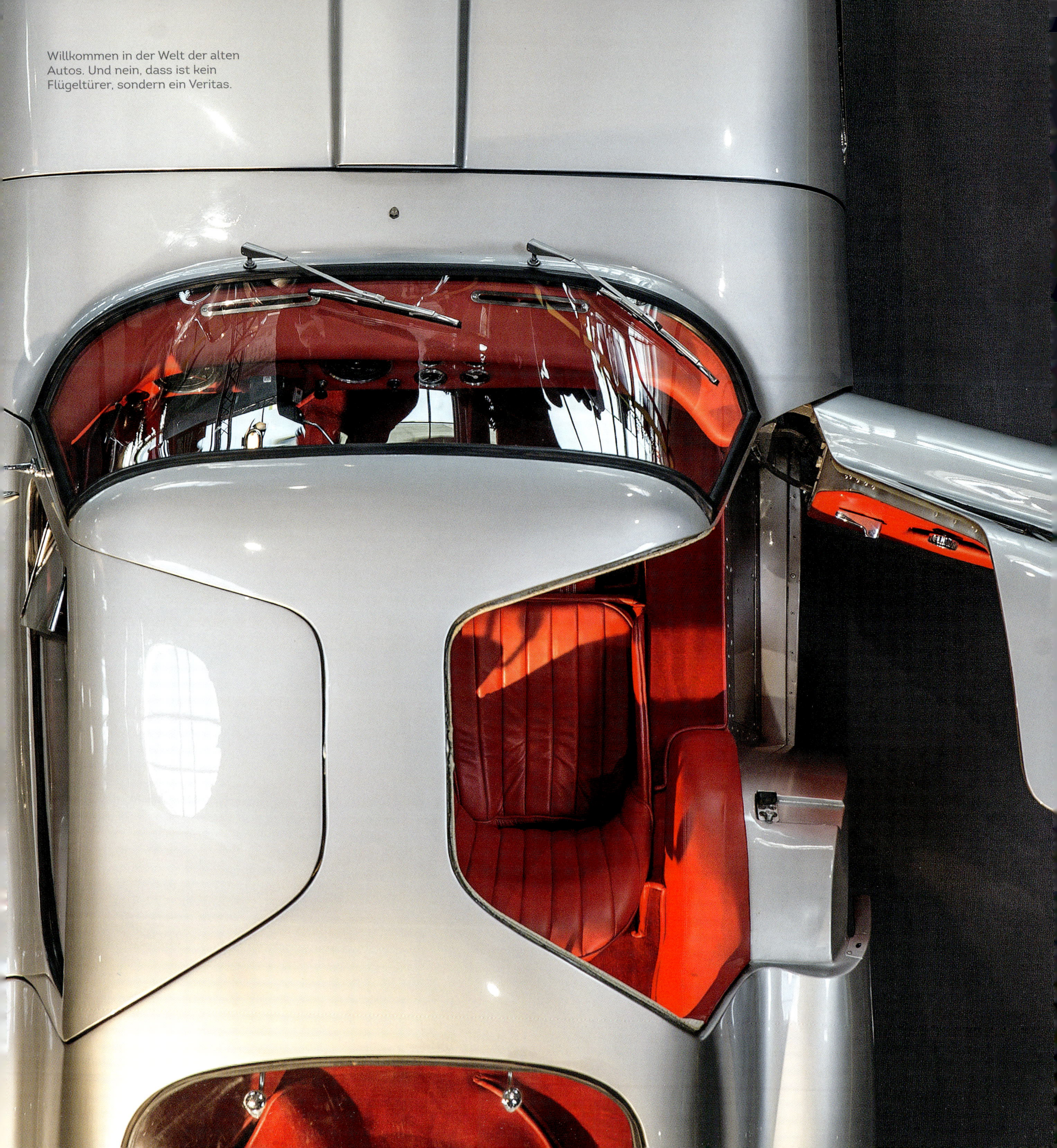

Willkommen in der Welt der alten Autos. Und nein, dass ist kein Flügeltürer, sondern ein Veritas.

Richard Kaan | Daniel Reinhard

Passion Oldtimer

Inhalt

Vorworte

LIEBE OLDTIMERFREUNDE!

Sie haben mit dem Kauf dieses Buchs die richtige Wahl getroffen.

In sechs Kapiteln finden Sie nicht nur interessante, wertvolle und wichtige Informationen über unsere „liebsten Spielzeuge“ sondern auch unterhaltsame Anekdoten und tolle Fotos über diese wunderbaren Fahrzeuge. Ganz gleich, ob Sie schon einen Oldtimer besitzen oder sich für einen möglichen Kauf informieren oder vorbereiten wollen, hier suchen Sie richtig! Richard „Hardy“ Kaan, einem langjähriger Freund und Wegbegleiter von mir, ist es gelungen, Dank seines Wissens, seiner ausgezeichneten Verbindungen und seiner Akribie dieses „must have“ zu verwirklichen.

Ich wünsche Ihnen, lieber Leser, viel Spaß bei der Lektüre.

Herzlichst, Ihr

Strietzel Stuck

Jost Wildbolz (rechts) mit seinem Zwillingsbruder Klaus Wildbolz (1937 – 2017)

LIEBER DANIEL REINHARD,

Seit Jahren bist du, Daniel, einer meiner Weggefährten als Fotograf und auch als Fahrer in der nun so groß gewordenen Classic-Car-Szene. Wir beide lieben diese Autos und mit den Jahren hat sich von selbst ein großes Wissen angesammelt, genährt aus Freude und Begeisterung.

Unzählige Male bist du auf deine Knie gegangen, um die spannendste Perspektive für das Motiv zu finden. Ich als Mode- und Werbefotograf war und bin noch immer begeistert von deinen Aufnahmen. Das beste Bild meines geliebten ERA R9B hast du von mir in Monaco von ganz weit oben, wie mit einer Drohne, aufgenommen.

Leider wird die Szene immer mehr von vermögenden Personen spekulativ beeinflusst, sodass für unseren Nachwuchs viel verloren gehen wird.Um so wichtiger wird deine Arbeit, Dinge auch optisch festzuhalten und für die Nachwelt zu erhalten. Lieber Daniel, bitte sei weiter so fleißig und zeig deine Bilder her, denn diese können die Jungen inspirieren, unsere Passion weiterzuführen. Dieser Enthusiasmus ist viel wichtiger und wertvoller, als all die Millionen die ein Ferrari GTO heute kostet. Die Autos werden nun langsam zu Recht zu Kunstwerken erhoben, genauso wie deine Fotos mit den langen Brennweiten, meine ich, denn in dieser Szene gehört einfach alles zusammen.

Dein dich bewundernder Kollege

Jost Wildbolz

LIEBE OLDTIMERFREUNDE,

während meiner aktiven Motorsport-Karriere hatte ich oft das Glück und das Privileg, die jeweils besten und schnellsten Wettbewerbs-Autos fahren zu können. Bei Porsche bin ich inzwischen über 25 Jahre in der Abstimmung von Meilensteinen wie Porsche 959, Carrera GT, 919 Hybrid und den diversen GT2- und GT3-Modellen involviert. Für all diese Fahrzeuge gibt es einen unbestechlichen Maßstab: die Rundenzeiten auf der Nürburgring-Nordschleife. Diese sind in den letzten Jahren geradezu explodiert. Autos werden immer besser, immer schneller, immer sicherer, immer einfacher zu fahren.

Ich hätte während meiner Karriere viele Wettbewerbs-Autos günstig kaufen können, zum Beispiel den Lancia Stratos. Ich habe darauf verzichtet, weil ich damals immer am nächsten, noch besseren Fahrzeug interessiert war.

Heute weiß ich es besser. In einer vollelektronischen, durchrationalisierten und digitalen Welt verkörpern klassische Automobile heldenhaften Purismus. Vergaser statt Direkteinspritzung, kein ABS, keine Servo-Unterstützung für Lenkung und Bremsen, kein ESP fördern eine urtümliche und ursprüngliche Art des Fahrens, bei der es deutlich mehr auf das Talent und das Gefühl des Fahrers ankommt, als auf den Programmierer – also so Autofahren, wie ich es gelernt habe und bis heute mit Hingabe pflege.

Kein Zufall also, dass ich inzwischen selbst das eine oder andere klassische Fahrzeug besitze und fahre. So sehr ich Sammler historischer Fahrzeuge schätze, Ettore Bugatti, Enzo Ferrari und Ferry Porsche haben ihre Autos zum Fahren gebaut, und ich habe deren Credo gerne übernommen – natürlich nur dann, wenn die Luft insektenfrei ist und ich das Öl behutsam warm gefahren habe.

Einen Aspekt sehe ich skeptisch, obwohl ich ihn verstehe: die enormen Preissteigerungen im Oldtimer-Sektor. Das Angebot wird schließlich nicht größer und immer mehr Sammler erfüllen sich ihre Kindheitsträume.

Da helfen Bücher wie dieses.

Viel Spaß beim Lesen und natürlich beim Fahren mit klassischen Oldtimern, Ihr

Walter Röhrl

Aus Gründen der leichteren Lesbarkeit wird in diesem Buch meist die bislang übliche männliche Sprachform bei personenbezogenen Substantiven und Pronomen verwendet (also „Fahrer“ und nicht „Fahrerinnen und Fahrer“). Dies soll jedoch keinesfalls eine Geschlechterdiskriminierung oder eine Verletzung des Gleichheitsgrundsatzes zum Ausdruck bringen.

Im Lancia Lambda zwischen
Himmel und Erde. Großglockner/
Saalbach-Classic/Österreich

GOODRICH
SILVERTOWN CORD

1 Das Objekt der Begierde: Der Oldtimer

Zur Geschichte – oder: *Der Oldtimer von heute war die Zukunft von gestern*

"…. travel at high speeds is not possible because passengers, unable to breathe, would die of asphyxia"
„…das Reisen bei hohen Geschwindigkeiten ist nicht möglich, da Passagiere nicht in der Lage wären zu atmen und erstickten."

Der Ire, der sich irrte:
Doctor Dionysius Lardner (1793–1859)

Auch jüngere Zeitgenossen irren – und ältere ebenso. Etwa wenn man meint, dass Elektroautos eine Erfindung der Neuzeit seien. Selbst Hybridmotoren sind viel älter, als man glauben könnte.

Die ersten Elektroautos, wenngleich man sie noch nicht wirklich als Autos bezeichnen kann, nennen wir sie daher Elektrofahrzeuge, gab es bereits 1832 – einem Mister Anderson wird ein „Elektrokarren" zugeschrieben. Davor fiel in Ungarn bereits 1828 der Priester Ányos Jedlik mit einem Wagenmodell auf, das durch Elektrizität angetrieben worden sein soll. Und Fahrzeuge mit Hybridantrieb – also einer Kombination verschiedener Antriebsaggregate – sah man bereits von 1899 an.

DER BLICK ZURÜCK

Vor rund 6.000 Jahren soll das Rad erfunden worden sein und schon ein paar tausend Jahre danach so etwas wie ein Wagen. Also eine Achse mit Rädern. Nicht viel später gab's dann ein Gefährt, das mittels Muskelkraft bewegt wurde: Römische Sklaven sollen sich darin abgeplagt haben. Danach tat sich – wie bei so vielem in der Technik – Jahrhunderte lang nichts wirklich Großes. Im 15. Jahrhundert aber kam die Idee eines Muskelkraftwagens wieder auf, am Übergang vom 16. zum 17. Jahrhundert wurde an Stränden der Niederlande der Windkraftwagen erneut erfunden, den man auch aus Zeichnungen der alten Ägypter kennt. Und den man vielleicht bald wieder aufs Neue erfinden wird.

So ab 1650 schritt die Entwicklung rasch voran. Scheinbar selbstfahrende Gefährte, wieder mit Muskelkraft betrieben, wurden zur Belustigung von König und Volk zur Schau gestellt. Aber auch eine Kraftquelle abseits von Mensch samt Muskel wurde gesucht, und schon in den 1670ern erfand man den ersten Kolbenmotor, damals aber noch mit Schießpulver betrieben. Im Prinzip jedoch funktionierte er nach denselben technischen Grundlagen, wie die heute noch (immer) verwendeten Benzin- und Dieselmotoren! Und kurz darauf, der Dampf war als Antrieb entdeckt, entwickelte Denis Papin unter Mithilfe von Leibniz Ende des 17. Jahrhunderts einen Dampfwagen.

Damit war, mehr oder weniger, das Automobil geboren. Es folgten in raschem Ablauf Verbesserungen, wohl wie so oft vom Militär betrieben. Für dieses gab es bald schon fahrbare Maschinen, die

Als Fiat noch keine Kleinwagen baute: Der S76 von 1911 mit 28,4 Lt. Hubraum verteilt auf nur vier Zylinder. Also ein Reservekanister pro Zylinder!

Kanonen hinter sich herziehen konnten. Besonders nahe dem modernen Automobil kam damals bereits ein vom Russen Kulibin erfundener Wagen mit einem Rahmen, einem Getriebe und mit Schwungrad. Die Achsschenkel-Lenkung soll auch schon 1761 erfunden worden sein, von einem Herrn namens Darwin, der sich diese aber zu seinem und seiner Nachfahren Unglück nicht hatte patentieren lassen. Dieses Patent meldete erst 130 Jahre später ein gewisser Carl Benz an.

Bereits um 1825 gab es einen regelmäßigen Verkehr mit Dampfbussen in London, sogar Dampf-Lastwagen waren auf den damals noch sehr dürftigen Straßen zu finden.

Im 19. Jahrhundert ging es Schlag auf Schlag, an verschiedenen Modellen und Antrieben wurde eifrig experimentiert. Um 1860 wurde der Viertakt-Motor patentiert, fast zeitgleich auch ein Gasmotor. Selbst ein gasbetriebenes Fahrrad, bei dem man direkt über dem Kessel saß, wurde 1869 vorgestellt – wenn da was schief ging, dann tat das wirklich weh …

> Auto-Mobile (griechisch-lateinische Wort-Kombination: „Selbst-Beweger") sind viel älter als man gemeinhin glaubt. Nur der Verbrennungs-Antrieb ist relativ neu. Auch wurden die meisten Funktionen schon vor Langem erfunden, rund 90 Prozent davon gab es schon um die (vorige) Jahrhundertwende.

Schließlich ging ab 1870 die Streiterei los, wer denn das erste Automobil wirklich erfunden hätte. War es der überwiegend in Wien lebende Siegfried Marcus (1831–1898) mit dem ersten benzinbetriebenen Wagen oder sogar etwas früher der Franzose Étienne Lenoir (1822–1900), dessen Fahrzeug ebenso einen Verbrennungsmotor besaß und schon 1863 mehr als 18 Kilometer zurückgelegt hatte? Oder war es doch Carl Benz (1844–1921) aus Karlsruhe, der im Jahr 1886 sein Gefährt patentieren ließ. Sehr viel Raum für auch patriotische Grabenkämpfe, die – wie könnte es anders sein? – zumindest in der deutschsprachigen Geschichtsschreibung klar den Deutschen gewinnen sah.

Jedenfalls ab da startete die Produktion unserer geliebten Oldtimer, der ganz alten Oldtimer halt. Im Englischen „veterans" genannt.

Seit wann es Autorennen gab? Nun, schon bevor das „Automobil" so richtig da war, nämlich 1878 – in diesem Jahr fand in den USA eine Wettfahrt statt. Über eine Distanz von mehr als 300 Kilometern. Das Preisgeld betrug in heutiger Kaufkraft mehr als 200.000 Euro! Die Fahrzeuge waren mit Dampf betrieben und der Sieger benötigte, trotz einiger eingebauter Sonderprüfungen, lediglich rund 33 Stunden. In Europa kam es 1894 zum Rennen Paris–Rouen, das zu einem Meilenstein in der Entwicklung des heutigen Autos werden sollte. Es siegten nämlich in dem für „Wagen ohne Pferde" ausgeschriebenen Rennen je einer der Firma Panhard-Levassor und der Gebrüder Peugeot, beide mit schnell laufenden Verbrennungsmotoren des Gottlieb Daimler ausgerüstet. Der Siegeszug dieses Aggregats war damit nicht mehr aufzuhalten.

Warum sich letztendlich – zumindest bis heute – ein Verbrennungsmotor durchsetzte? Wie so oft aus militärischen Gründen. In den USA, dem größten und wichtigsten Markt für Automobile, gab es um die Jahrhundertwende, also um 1900, deutlich mehr Straßenfahrzeuge, die mit Dampf betrieben wurden, es waren rund 40 Prozent aller Fahrzeuge. Auch Elektromobile gab es mehr als benzinbetriebene Gefährte. 38 Prozent fuhren elektrisch, 22 Prozent vertrauten dem Verbrennungsmotor. Der Dampfwagen war nur mit größerer Vorlaufzeit anzuwerfen, außer-

(weiter auf Seite 20)

▶▲ „Die nie Zufriedene" - La Jamais Contente von 1899 durchbrach erstmals die Schallmauer von 100 km/h. Museo Nazionale dell'Automobile/Turin/Italien.

▶ Dreirad für erwachsene Kinder. Der Benz-Patent-Motorwagen von 1886, gesehen auf Schloss Dyck/Jüchen/Deutschland.

▼▼ Dampfbetrieben schien die Zukunft, bis sich Benzin als Kraftstoff durchsetzte. Hier das Pecori-Dampf-Dreirad von 1891

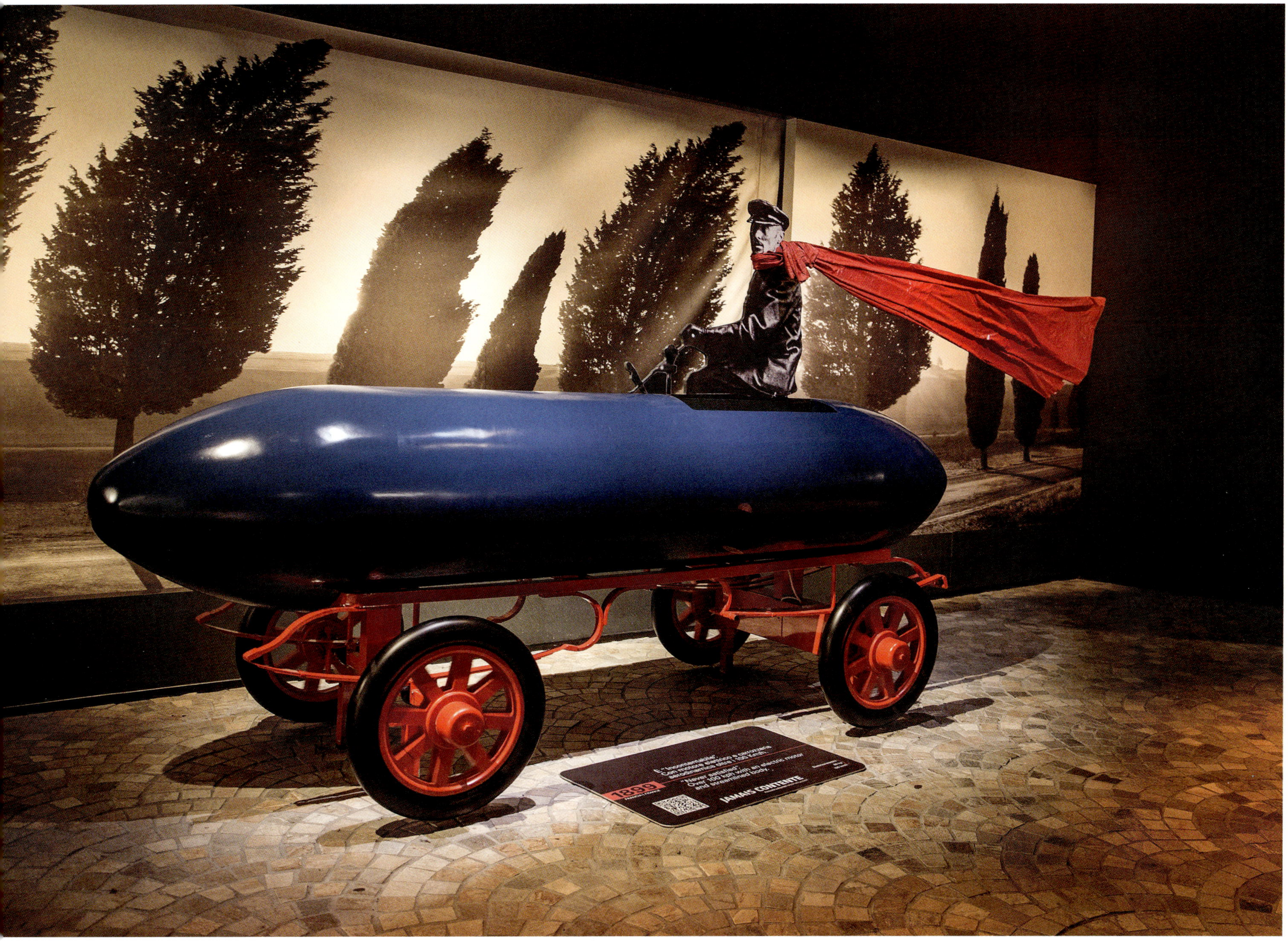

SEIT WANN GIBT ES WAS?
Das Wichtigste in Kürze

- Erster Allrad-Antrieb: 1827 im (dampfbetriebenen) Transportfuhrwerk von Hill und Burgstall, England.
- Erste Kompressor-Aufladung: 1878, von Heinrich Krigar konstruiert. In Serie von 1921 an, in Mercedes-Modellen der Daimler Motorengesellschaft.
- Erste hydraulische Servo-Bremse: 1885, Hugo Mayer in Rudolfstadt für Fuhrwerke. 1921 patentiert von Lockheed-Aircraft-Gründer Malcolm Loughead.
- Erstes Fahrzeug schneller als 100 km/h: 1899, vom Belgier Camille Jenatzy der Elektro-Torpedo „La Jamais Contente" (Die nie Zufriedene).
- Erstes Hybrid-Auto: 1902 der „Mixte-Wagen" von Ferdinand Porsche.
- Erste Scheibenbremsen: 1902 patentiert und 1904 eingebaut von Lanchester in England. 1948 an allen vier Rädern des Tucker Torpedo, 1952 im Jaguar-Rennsportwagen XK 120 C-Type.
- Erster Scheibenwischer: 1903, erfunden und patentiert von Mary Anderson in den USA; elektrisch 1926 von Robert Bosch.
- Erster Frontantrieb: 1904, bei Graef & Stift aus Wien.
- Erste Abgas-Turbolader-Aufladung: 1905, vom Schweizer Alfred Büchi patentiert. Doppelturbo-Aufladung: 1981, im eher unscheinbaren Maserati Biturbo.
- Erste Vierrad-Lenkung: 1907, von der Daimler Motorengesellschaft in der für Südwestafrika bestimmten Sonderkonstruktion „Dernburg-Wagen".
- Erster Elektrostarter: 1912, bei Cadillac durch Charles Kettering.
- Erste selbsttragende Karosserie: 1922, beim Lancia Lambda; aus Leichtmetall 1945, beim Panhard Dyna X.
- Vierrad-Bremsen: 1922 im Lancia Trikappa, 1924 im Horch 10.
- Erster Blinker-Winker: 1924, durch Zipperle/August von Hand bedient, bald danach mit Bowdenzügen.
- Erste Autoradios: seit 1925 in den USA, Geräte wie Airtone 3D, Transitone, Delco oder der Bosch Motor Car Receiver 80.
- Erstes Metall-Klappdach: 1933, Peugeot Eclipse („Sonnenfinsternis") konstruiert vom Arzt Georges Paulin.
- Erste Klimaanlage im Auto: 1938, bei Nash und Studebaker in den USA.
- Erstes Automatikgetriebe: 1939, im Oldsmobile von General Motors.
- Erster Zweipunkt-Gurt: 1948, im Tucker Torpedo; Dreipunkt-Gurte: 1959, in allen Volvo.
- Erste Servolenkung: 1951, im Chrysler Imperial.
- Erster Airbag: 1972 bei den GM-Premiummarken Buick und Oldsmobile.
- Erster Katalysator: 1974, bei General Motors in den USA.

AG 777777

▲ 100 Jahre Ford-Schritt

◀▲ Die Stromlinien-Hornisse Hudson Hornet Twin-H Power von 1953 wurde Vorbild für viele Europäer.

◀ Der Kanten-Lagonda hat einst Aston Martin das Überleben gesichert.

agna
BELLEZZA
1900 C52 Disco Vol

Neben dem Bertone Carabo wirkten 1968 fast alle Zeitgenossen wie Oldtimer. Museo storico Alfa Romeo/Arese/I

dem kam er fürchterlich langsam auf Touren. Der Elektrowagen benötigte große, schwere Batterien, die beim militärischen Einsatz hinderlich waren, und sie erforderten eine flexible Lademöglichkeit, welche ebenso nicht überall gegeben war.
Das Benzin oder der Diesel konnte dagegen relativ leicht transportiert und am Einsatzort zur Verfügung gestellt werden.

Oldtimer/Classic Car/ Youngtimer/ Modern Classic oder: *Die letzten ihrer Art*

„Nicht jedes historische oder alte Auto ist ein wirklich tolles Auto und auch nicht immer ein Sammlerauto.“

Dr. Wolfgang Porsche

“A classic car is not really defined by age. It’s a car that has such beauty within its own time period that it will last and be cherished for a long time.”

Lord Irvine Laidlaw

„Alte Autos sind für mich das, was ich mir unter einem Auto vorstelle. Es liegt alles an mir, wie das Auto fährt, wie ich es behandle, wie ich damit umgehe. Es ist keine Elektronik, die mir dazwischen funkt, die mir etwas abnimmt, sondern ich muss selber abschätzen, was ich tun muss, damit das Auto zum Körperteil wird. Dass es mir so folgt, als wäre es ein Körperteil.

Das ist einfach das, was mich nach wie vor fasziniert an diesen Autos, dass die gefahren werden müssen und nicht du vom Auto gefahren wirst.“

Walter Röhrl, Rallye-Weltmeister

„Alte Autos dokumentieren ein ganz wesentliches Element des vergangenen Jahrhunderts, das Element der Mobilität, das nicht nur unsere Lebensgewohnheiten sondern die gesamte Gesellschaft verändert hat. Und diese Autos, die wir hier sehen, das sind die Zeitzeugen, die für diese 100-jährige Geschichte stehen.“

Dr. Mario Theissen, BMW-Rennleiter i. R.

Die Sensation der London Motor Show 1948: der Jaguar XK 120 - dabei war seine Form schon zehn Jahre alt.

HISTORISCHE AUTOMOBILE/ „OLDTIMER“/CLASSIC CARS

Übersetzt bedeuten Dr. Theissens Worte – und er ist Vizepräsident der FIVA, des Weltverbandes aller Oldtimer-Clubs, die weltweit rund 1,6 Millionen Oldtimerfreunde repräsentiert –, dass ein historisches Fahrzeug, so heißen Oldtimer nämlich korrekt, Folgendes ist:

Ein historisches Fahrzeug ist ein mechanisch angetriebenes Fahrzeug, das mindestens 30 Jahre alt ist und das zudem in einem historisch korrekten Zustand erhalten wird. Außerdem sollte es nicht auf täglichen Transport ausgerichtet sein. Ein weiteres wichtiges Kriterium ist, dass es wegen seines technischen oder historischen Wertes bewahrt wird. „Alt“ allein reicht also nicht. Durchaus sinnvoll ist es sogar, noch weitere Konkretisierungen vorzunehmen.

Die FIVA unterteilt beispielsweise in verschiedene Baujahresklassen:
„Ancestor“ werden Fahrzeuge genannt, die vor dem 31.12.1904 gebaut wurden. Diese erhalten die Klassifizierung „A“. Mit „B“ werden ***„Veteran“***-Fahrzeuge bezeichnet, die zwischen dem 1.1.1905 und dem 31.12.1918 entstanden. Danach geht es weiter mit ***„Vintage“*** (C, 1.1.1919 bis 31.12.1930), ***„Post Vintage“*** (D, 1.1.1931 bis 31.12.1945) und ***„Post War“*** (E, 1.1.1946 bis 31.12.1960). Für die jüngeren Zeiträume gibt es noch keine Bezeichnungen: „F“ steht dann für 1.1.1961 bis 31.12.1970 und „G“ für alle Fahrzeuge, die mindestens 30 Jahre alt sind und nach dem 31.12.1970 entstanden.
(Quelle: http://www.fiva.org/wp-content/uploads/Technical-Code-2015-See-note-above.pdf)

Die meisten Länder, in denen historische Autos irgendwie erfasst sind, haben davon nur leicht abweichende Definitionen. Man sieht, sogar Leidenschaft kann Genauigkeit erfordern.

(weiter auf Seite 25)

▲▲ Als James Bond die Ente adelte

▲ Ein heißer Hintern, der gurt-gesicherte Maschinenraum des Porsche 356 Carrera GT

▲▲ Diese Schuhe taugen nur zum Beifahren.

▲ Im kurzlebigen und sehr raren (1973er) Citroën SM Mylord Chapron der Sonne entgegen.

▶ Nichts hindert seine Lordschaft daran, dem 50-Millionen-Gefährt kräftig die Sporen zu geben. Lord Laidlaw mit seinem Ferrari 250 GTO. Ennstal-Classic/Österreich

100
100
PORSCHE

GTI

YOUNGTIMER/MODERN CLASSICS

Auch Autos machen Karriere: Wer womöglich Oldtimer werden will, muss vorher die Bezeichnung Youngtimer erdulden. Und auch dafür gibt es wieder Definitionen

Youngtimer sind, so sagt es Wikipedia, eine Bezeichnung für ältere Kraftfahrzeuge (insbesondere für Personenkraftwagen), die als Liebhaberfahrzeuge genutzt werden, aber noch keine Oldtimer sind. Etwas konkreter fasst das die Swiss Historic Vehicle Federation: *„Fahrzeuge, die zwischen 15 und 30 Jahre alt sind."*

Hans Georg Marmit von der KÜS (die Kraftfahrzeug-Überwachungsorganisation freiberuflicher Kfz-Sachverständiger in Deutschland) ist im Vergleich dazu etwas strenger: *„Youngtimer" wird in der Regel für Fahrzeuge genutzt, die zwischen 20 und 29 Jahren alt sind."* In englischsprachigen Gebieten werden Youngtimer gemeinhin als „Modern Classics" bezeichnet und so oder ähnlich (also negativ) definiert: *"These vehicles ranging from 15 to 25 years are usually not accepted as classics."*

Allen Definitionen gemein ist und war, dass man versuchte, eine gewisse Ordnung in die Landschaft der älteren Autos zu kriegen. Dies ist in vielerlei Hinsicht sinnvoll. So musste beispielsweise eine entsprechende Judikatur geschaffen werden, damit die alten Autos, die etwa, was die Sicherheitsausrüstung anbelangt, schon lange nicht mehr geltenden Bestimmungen entsprachen, erfassbar wurden und in einen Rechtsrahmen gepresst werden konnten. Des weiteren hatten Clubs und Organisationen hohes Interesse daran, ihre Rahmen abzustecken und auch der Wirtschaft war es sehr recht, ihre Produkte mit einer gewissen Zuordenbarkeit vermarkten zu können.

GTI[2] - Kaum zu glauben, aber auch diese beiden Rabauken sind schon Oldtimer.

Oldtimer/historische Automobile sind Fahrzeuge, mit sowohl vom Gesetzgeber als auch von den Interessenvertretungen klar definiertem Alter und Zustand. Ihre Anzahl ist weitestgehend erfasst. Sie unterliegen meist anderer Besteuerung als alle anderen Fahrzeuge und ihre Verwendbarkeit ist oft klar geregelt. Youngtimer hingegen sind weitestgehend nicht definiert, für sie gibt es auch keine Vorteile oder Ausnahmeregelungen.

Oldtimer und Emotionen - oder: *You Found Me*

"The emotion is excitement, passion and love ... Most of us fall in love with a car when we are young, teenagers or in our twenties, when we were impressionable. And there is a car that captures our imagination, our enthusiasm. It becomes the poster on the wall, or the little model on the shelf. When you are young, you do not have the resources to be able to pursue the passion for the car. You get to be older, you have some financial capability, and then you begin to indulge your passion."

Prescott Kelly, Automobilhistoriker

„Emotion ist, was einen sporadisch überfällt, wenn man etwas sieht, das man gerne hätte. Oder was Lustgefühl in einem erzeugt. Es passiert auch mir immer wieder, obwohl ich mich seit mehr als 30 Jahren damit beschäftige. Interessanter Weise aber nicht bei den ganz, ganz großen, tollen Autos, sondern bei den Kleineren. Wenn ich beispielsweise einen Autobianci A112 Abarth sehe, dann fängt's bei mir an, bumbumbum zu machen, denn das war mein erstes Auto. Ich konnte mir aber leider nur einen normalen A112 leisten und keinen Abarth, ich wollte genau deshalb aber immer einen.

Dirk-Michael Conradt, Autor, 1984
Gründer der Zeitschrift „Motor Klassik", Museums-Berater

Es war schon immer so, dass ein Automobil sehr viel mehr war, als nur ein Transportmittel. Es wurde schnell zum Objekt der Freiheit und Dominanz, von Sportlichkeit und – vor allem – des Prestiges. Auf jeden Fall waren stets sehr viele Emotionen mit dem Auto verbunden. Auch negative.

So wurden die Wagen anfangs laut Kurt Mössers „Geschichte des Autos" (Campus 2002) als „Hexenkarren" verteufelt und mit Steinen beworfen, bis sich mehr und mehr Menschen daran gewöhnten, dass es sich mit Bussen, Taxis und Lastwagen deutlich leichter leben ließ. Personenwagen aber waren bis in die Zeit der Massenmotorisierung den Reichen und Schönen vorbehalten, für die anderen war schon ein Motorrad Luxus.

Nicht zu vergessen, dass die Jahrhunderte der Mobilität mittels Ochsen und Pferden in den Städten einen Mistberg hinterließen, der die Stadtoberen vor kaum lösbare Aufgaben stellte. So warnten Stadtplaner in New York laut Werner Vuk in „Zukunft der Arbeit" (Disserta 2014) schon um 1850, dass die Stadt bis 1910 „*in meterhohem Pferdemist versinken*" würde. Ähnliches galt für London. Um in diesem Mist – noch dazu bei Regen – nicht gehen zu müssen, verwendete, wer immer konnte, einen fahrbaren Untersatz.

Bei alten Autos spielen Emotionen die größte Rolle. Rein rationale Gründe, sich ein historisches Fahrzeug zu halten und eines zu fahren, gibt es wenige.

Aber das gibt es fast im Übermaß: Hingabe, Leidenschaft, Passion und ja, auch Gier.

Wie diese Emotionalität nun im Einzelfall als Triebfeder für Oldtimer-Besitzer wirkt, sei dahin-

Die Schöne und das Biest. Fiat 300PS Rekord, auch bekannt unter dem Namen S76. Classic Days, Schloss Dyck/Jüchen/Deutschland

Einem Auto nähert man sich selten ohne Emotionen, nicht immer jedoch mit positiven. Oldtimer allerdings erzeugen überwiegend angenehme Gefühlslagen, sowohl bei den Fahrern, als auch bei den Betrachtern.

▶▲ Kindergeburtstag mit BMW-„Motocoupé" aus den 1950er-Jahren, besser bekannt als „Isetta"

▶▶ Leicht lässt er sich nicht starten, obwohl es ein Opel Leichtbau-Grand-Prix-Rennwagen ist (GP1 von 1914).

▶ Reinkommen würde ich ja vielleicht, aber wie wieder *raus*? Gentleman am Maserati 250F. Villa d`Este/Comer See/Italien

gestellt. Die reine Gier beispielsweise dürfte einen leidenschaftlichen Trabi- oder 2CV-Schrauber nur selten befallen.

Auch wenn mich mein vormaliger Beruf des Auto-Restaurierens zu einem möglichst emotionsfreien Zugang zwang, kann ich aus Erfahrung eines sagen: Nur selten hatte ich mit einem alten Auto zu tun, das mich nicht sofort emotional ansprach. Egal, in welchem Zustand es war oder wie teuer. Es hat immer mit mir kommuniziert, etwas ausgelöst – und sei es Mitleid mit seinem vernachlässigten Zustand. Der Mensch ist in Zwiesprache mit der Maschine.

Oh Schreck, denkt sich die Henne, den kann ich nicht erreichen …

Schule des Lächelns – oder: *ob auf Rädern oder Kufen, Hauptsache Oldtimer*

„Wenn ich mit meinem ältesten Auto, einem Chevrolet von 1932, in der Früh quer durch die Stadt ins Büro fahre, so begegnen mir sicher fünf, acht oder auch mehr Menschen, denen beim Anblick des alten Wagens ein Lächeln entkommt. Wahrscheinlich sind sie sich dessen gar nicht bewusst. Und wenn ich dann im Büro ankomme, muss ich einfach auch lächeln. Und der Tag beginnt, wie er beginnen soll."

Richard Kaan

Einfache Technik in Kombination mit einem Aussehen, das offensichtlich als ungefährlich, als putzig oder knuddelig empfunden wird – und dies, trotz seiner oft enormen Größe – all das spricht dafür, dass der Oldtimer irgendwie ein Jungbrunnen sein kann. Wenn ich so sinniere, fällt mir eine ganze Reihe von Beispielen ein, was der Oldtimer noch alles sein kann.

Die Erfüllung eines Jugendtraums. *„Eine Rückfahrkarte in die Jugend"* (Journalist und Ennstal-Klassiker Helmut Zwickl). Vielleicht besaß der Vater oder Großvater oder Onkel des Eigners einen ebensolchen Wagen. Die Erinnerung an den kleinen Buben, der stolz auf der Rücksitzbank herumwetzte, von einem Seitenfenster zum anderen, um da vorne ja nichts zu versäumen, stolz das *er* da mitfahren darf; ausnahmsweise. Und heute sitzt der Bub vorne. Oder: Als Student konnte er sich noch kein Auto leisten, der Mitbewohner in der WG, Sohn neureicher Eltern, hatte aber einen Porsche oder ein Cabrio und dem sind immer alle Mädchen zugeflogen. Allein wegen des Autos! Zweifellos ...

Wer sagt, dass dein Sports Utility Vehicle (SUV) eine Erfindung der Neuzeit wäre? Entdeckt beim Alpenknattern/Fanas/Schweiz

Ein Mittel zur Entschleunigung. Stellen wir uns vor, Ihre liebste Begleitperson und Sie fahren mit einem Oldtimer über die Alpen; es ist Frühling, die Wiesen im Tal sind schon grün, die ersten Blumen sprießen. Sie kurven bergauf, eine Kehre nach der anderen. Langsam, denn schnell kann Ihr Untersatz sowieso nicht, außerdem sollten Sie aufpassen, dass Ihrem Oldie nicht zu heiß wird. Am Straßenrand rinnt bereits das Schmelzwasser, seitlich sind die Schneewände aber teils noch meterhoch. Ein (modernes) Auto nach dem anderen überholt, aber irgendwie bemitleiden Sie all jene, die es so eilig haben. Sie, Ihre Begleitung und Ihr alter Wagen haben es nicht.

Ein Mittel zum Heben des Sozialprestiges. Einen neuen Sportwagen kann sich bald wer finanzieren (lassen) *„Ein Oldtimer hingegen vermittelt Sozialprestige, er zeugt von Geschmack und Kennerschaft." (R. Seidl, Markenaufbau)*

Ein Marketing-Instrument. Karl-Friedrich Scheufele von Chopard oder auch State-of-Art-Modemacher Albert Westermann sind beredte Beispiele für dessen erfolgreichen Einsatz. Hingabe und Liebe zum Objekt, verbunden mit kluger ökonomischer Umsetzung sind wohl der Zündschlüssel dazu.

Ein lohnendes Investment. So mancher Investor legt sein Geld in klassischen Autos an, einfach weil sie ihm gefallen. Für all jene jedoch, die Zweifel an einer Rendite und vielleicht auch keinen Bezug zu einem bestimmten Modell haben, gibt es eine Reihe von anerkannten, objektiven Indizes. Den DOX (Deutscher Oldtimer-Index) vom Verband der deutschen Automobilindustrie, den HAGI-Index von Dieter Hatlapa, den Hagerty-Index, ein Finanzwerkzeug von US-Versicherern, oder auch den K500 des Classic-Car-Brokers Simon Kidston. Zumindest in den letzten 20 Jahren bewegten sich diese Indizes, die die Wertentwicklung der Oldtimer verfolgen, stark nach oben. War es in der jüngeren Vergangenheit recht einfach, ein Auto zu wählen, das hohe Wertsteigerungen versprach, so ist das heute jedoch deutlich schwieriger geworden. Aber auch in der Gegenwart gibt es reichlich Modelle mit pekuniärem Potenzial.

Ford

▶ Ein Hoch auf uns. Ohne den Jaguar E-Type würden wir hier und heute nicht zusammensitzen. Schloss Dyck/Deutschland

Eine erfüllende Freizeitbeschäftigung. Als Oldtimer-Freund kann man Putzen und Schrauben, langsam oder schnell fahren. In Gesellschaft oder auch allein. Man kann sich mit Literatur die Regenzeit vertreiben oder mit dem Sammeln von Devotionalien. Man kann Klassik-Messen besuchen, Museen oder Veranstaltungen aller Art. Man kann endlos darüber sinnieren und palavern, sich in Clubs treffen oder „einfach" ein Buch darüber schreiben …

Man lernt interessante Leute kennen. Ein Zitat der Rennfahrerlegende Jacky Ickx, der an der Seite von Karl-Friedrich Scheufele seit Jahren an Oldtimer-Veranstaltungen beifährt (!): *"I have learned around classic cars, there are a lot of people who share the same passion, and that is, what makes it so nice actually. Because, when you know the professionalism into motor racing today, usually the people around it cannot touch, cannot see anybody. It's the nicest aspect of the Ennstal Classic or the Mille Miglia or all other activities like that, that it's human."*

Oder man holt sich Inspiration. Alexander Pereira, Intendant der Mailänder Scala, davor Leiter der Salzburger Festspiele: „*Wir lieben doch alle die Tradition, oder wenn wir neu in die Zukunft denken wollen, müssen wir uns den Rucksack der Tradition umhängen und dann den Mut haben nach vorn zu gehen. Und wenn man diese alten Autos sieht, mit welcher Liebe und mit welcher Eleganz sie gemacht sind, ist das ein Mahnmal an uns, manchmal nicht gar zu fortschrittlich oder schnittig oder oberflächlich vorzugehen, sondern diese Liebe zum Detail in jedem Moment unseres Lebens ernst zu nehmen.*"

Volksfest mit Auto - Villa Erba am Comer See. Jedes Jahr treffen sich die Liebhaber alter Autos zum Concorso d'Eleganza Villa d'Este/Cernobbio/Italien. – Villa Erba ist der öffentliche Teil, Villa d'Este der Geschlossene. Nur mit Einladung!

Oldtimer sind viel mehr als bloß ein altes Auto. Sie sind ein Stück Kunst, das zufälligerweise fährt. Auch Inspiration, soziales Instrument, Eintrittskarte zu Events oder Mittel zur Entschleunigung. Und noch viel mehr.

„Pilotino“ – kleine Rennfahrerin wurde sie genannt. Maria Theresa de Filippis einst die erste Frau in der Formel 1, später, selbst als Großmutter noch am Steuer eines Maserati 250F höchst aktiv. Ennstal-Classic/Österreich

Oldtimer und Frauen – oder: *Don't Stop Me Now*

„Es ist schon einige Jahre her, da nahm ich an einer Oldtimer-Rallye auf Mallorca teil. Weil einige Teilnehmer wussten, dass ich an alten Autos schrauben kann, wurde ich zu einem wunderschönen Hispano-Suiza aus dem Jahre 1921 gerufen. Unter dem Auto lugten zwei Beine in Arbeitsmontur hervor, an deren Bewegung zu erkennen war, dass der Mechaniker sich mit etwas Schwerem abmühte; er baute offenbar gerade das Getriebe aus. Dann ein Plumps – das Trum war am Boden und der Mechaniker krabbelte unterm Auto hervor. Er war so um die 70, hatte kurze graue Haare, schmale lange Finger – ein bisserl schwarz halt – ein verschmitztes Lächeln und stellte sich vor: „Hallo, danke, dass Sie mir helfen wollen. Ich bin die Heidi. Heidi Hetzer".

Richard Kaan

Heidi Hetzer mit „Hudo" (Hudson Greater Eight) nach ihrer Weltumrundung begrüßt von Jochen Mass

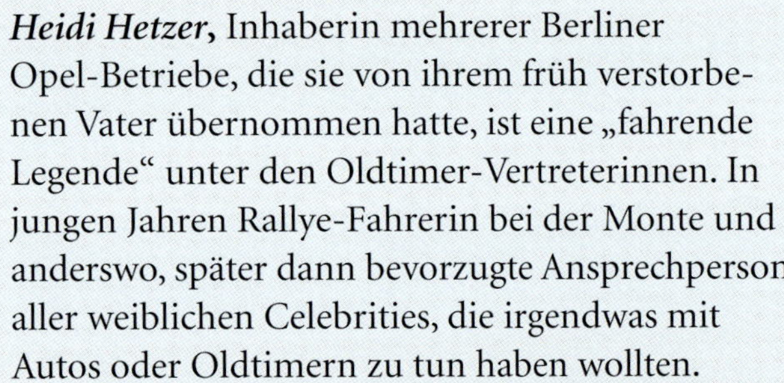

Heidi Hetzer, Inhaberin mehrerer Berliner Opel-Betriebe, die sie von ihrem früh verstorbenen Vater übernommen hatte, ist eine „fahrende Legende" unter den Oldtimer-Vertreterinnen. In jungen Jahren Rallye-Fahrerin bei der Monte und anderswo, später dann bevorzugte Ansprechperson aller weiblichen Celebrities, die irgendwas mit Autos oder Oldtimern zu tun haben wollten.

Im April 2017 kehrte Heidi von ihrer Weltumrundung zurück, die sie in einem Hudson Great Eight aus dem Jahre 1930 unternommen hatte. Gestartet im April 2014 und durch Krankheit oder Misslichkeiten des Autos immer wieder unterbrochen, fuhr sie auf den Spuren von Cläerenore Stinnes, die 1927 in Begleitung eines Lastwagens ebenfalls die Welt umrundet hatte. Heidis Webpage bringt Fotos und Chronik ihres Unterfangens: heidi-um-die-welt.com.

Auch wenn Frauen in der Oldtimerei in der Minderzahl sind, so gibt es doch zunehmend gute Beispiele dafür, dass sich das ändert. Der Stuttgarter Starfotograf René Staud: *„…das sind meistens sehr patente Frauen … und ich habe noch keine Oldtimer-Besitzerin kennen gelernt, die nicht ein prima Weib gewesen wäre."*

LADIES, EVENTS UND LADIES BEI EVENTS

Die Designerin ***Sabine Christiansen*** sitzt in der Jury eines Concours d'Elegance und fährt auch selbst einen Oldie. Eine andere Grande Dame fuhr ihre Oldtimer so gut wie täglich: Frau Professor ***Elisabeth Noelle-Neumann*** (1916 – 2010) war Deutschlands „Herrin der öffentlichen Meinung" und gründete das Institut für Demoskopie (in) Allensbach.

Zum Glück endet nicht jede Fahrt von Frauen in Klassikern so dramatisch wie im Film „Thelma und Louise", es kann aber anderswo ebenso richtig lebendig zugehen. So wie beispielsweise bei einem der härtesten Oldtimer-Rennen weltweit, der Carrera Panamericana in Mexico, bei der die Deutsche ***Elke Middeldorn*** mehrfach erfolgreich teilnahm. Daneben gibt es auch sehr anspruchsvolle Regularities, die von Damenteams gewonnen wurden: etwa die zweite Ennstal Classic von 1994 mit den Siegerinnen ***Jutta Roschmann*** und ***Nicole Neukunft*** auf BMW 507. Oder Veranstaltungen, die ausschließlich von Ladies durchgeführt werden wie die Oldtimertour ***Kurvenreich***.

Dass Frauen nicht notwendiger Weise im Team unterwegs sein müssen, damit eine die Chefin ist, zeigt eine kleine Geschichte des Journalisten Martin Utberg, der mit mir für „State of Art" bei einer Mille Miglia zusammen arbeitete. In unserem Team war eine Reihe von Celebrities, etwa Staatsmänner wie Hollands Ex-Premier Jan Peter Balkenende. Der ist nicht nur ein sehr netter Mensch, sondern wird auch wegen seines Aussehens als „Harry Potter der Politik" bezeichnet. Ebenso dabei waren gekrönte Häupter wie Prinz Carl Philip von Schweden oder ein holländisches Prinzenpaar. Martin erzählt über die Frage der Prinzessin zur Rolle von Pilot und Co im Auto: *„Prinz Bernhard von Oranje kommt zum ersten Mal mit seiner entzückenden Frau Prinzessin Annette zur Mille Miglia, an welcher er ohne Ehefrau schon ein paar Mal teilgenommen hatte. Und eine der zu klärenden Fragen war: ‚Annette, weißt Du, wer Chef ist im Auto?' ‚Nun', sagt sie, ‚das wird Bernhard sein'. ‚Nein Annette, das Hirn sitzt rechts,*

▶ Wer ein sechsgängiges Menü auf den Tisch zaubern kann, scheut auch nicht vor der Reparatur eines Oldtimers zurück.

191

Prinzessin Annette van Oranje-Nassau und Evelyne Westermann am Start der Mille Miglia. Trotz Regen und Porsche-Spyder-ohne-Dach bester Laune. Und nach den 1.600 Kilometern war das Lächeln noch breiter.

Du musst die Chefin sein. Und was immer Du ihm sagen wirst, drei Tage lang macht er das dann auch! Wie glaubst Du, wird das gehen?' ,Das', meinte die Prinzessin weiter, ,das hörst Du von mir nach dem Finish. Entweder wir kriegen ein viertes Kind oder es gibt wieder eine königliche Trennung'".

BERUF UND KLASSISCHE AUTOS

Hier ein paar Beispiele „schraubender" Frauen.

Annette Hue ist Expertin für Zündung- und Vergasertechnik, sie ist Automechaniker-Meisterin. Als Tochter des Firmengründers ist sie quasi hineingewachsen in den Beruf und hat den Umgang mit Stroboskop oder Synchrontester von klein auf mitbekommen. Das Feinjustieren der beiden aufeinander abgestimmten sowie abzustimmenden Motorbereiche ist zweifellos etwas Filigranes, daher vielleicht sogar eher weiblich – schade, dass es so wenige Fachfrauen in diesem Genre gibt.

Eine Dame, die zur absoluten Weltspitze der Autorestauratoren zählt, ist ***Dr. Gundula Tutt.*** Stellen Sie sich vor, wie man etwa den Kotflügel eines sehr raren „Vorkrieglers" behandelt, dessen Lack zwar rundherum verwittert aber generell noch recht gut ist. Irgendwo in der Mitte des Teils gibt es einen größeren, verrosteten Bereich, vielleicht von einem sehr alten Parkschaden. Noch vor ein paar Jahren hätte man den Kotflügel abgeschliffen, den Rostschaden beseitigt und das gesamten Teil neu lackiert. So gut es eben ging. Manchmal passte das Lackbild aber nicht zu seiner Umgebung und das war auch beim besten Willen nicht hinzukriegen, dann wurde der gesamte Wagen neu lackiert. Gemäß ihrer Ausbildung zur Bilder-Restauratorin, schlug Frau Dr. Tutt in ihrem Umgang mit Oberflächen gänzlich neue Wege ein und brachte damit die klassischen Autos näher zur Kunst. Sie und ihr Team bieten nach eigenen Angaben *„Restaurierung von Materialien wie Lacken und Beschichtungen, Leder bzw. Kunstleder, Textilien, Holzoberflächen und Metallüberzügen"*, was eine bescheidene Untertreibung ist. Statt nämlich den beschädigten Bereich großflächig zu reparieren, entwickelte Tutt eine Methode der sachten, örtlich beschränkten Restauration, genauso wie sie es bei alten Gemälden gelernt hatte. Statt mit einem Winkelschleifer oder anderem groben Gerät nähert sie sich dem Oldtimer mit Pinzette und Mikroskop, um zuerst die Oberflächen sowie den Lackaufbau genau zu erfassen und erst anschließend sanft zu rekonstruieren. Als ob es ein van Gogh wäre. Das Resultat überzeugt, denn bei einer Präsentation an der Uni Köln konnten wir Teilnehmer eines Oldtimer-Kongresses nicht erkennen, an welcher Stelle der beschädigte Lack ausgebessert worden war.

Die Deutsche ***Cati Tertel*** wiederum ist Mechaniker-Meisterin, spezialisiert auf alte Motorräder. Vermutlich mehr in der väterlichen Werkstatt aufgewachsen als im Kinderzimmer, durfte sie an allem teilnehmen, was ihr Vater mit seinen Zweirädern so anstellte. Später arbeitete Frau Tertel in verschiedenen Unternehmen, bis sie sich einen eigenen Laden in Bielefeld aufbaute.

Auch ***Sabine Breuer*** ist Mechaniker-Meisterin. Sie hatte ebenso einen „Benzin-Vater" und sie hat sich von diesem Metier, wie sonst gerne üblich im Jugendalter, nicht ab-, sondern ihm zugewandt. Nach verschiedenen Ausbildungen ist Frau Breuer zur „Mobilen Tradition" von BMW gekommen, wo sie viele Jahre lang Oldtimer im Hause und auch bei Einsätzen begleitete. Heute arbeitet sie bei BMW noch in Teilzeit, danach findet man die Meisterin im elterlichen Motorrad-Restaurationsbetrieb.

WARUM FRAUEN OLDTIMER MÖGEN

Wie kann man/frau Oldtimer nicht mögen? Eine Theorie, warum sich Frauen zunehmend von alten Autos angezogen fühlen, sagt, dass in Zeiten von Krise oder Ungewissheit mit vielen Veränderungen irgendeine Form von Halt benötigt wird. Was gibt es da besseres, als daran zu denken, dass es in der Vergangenheit schöner, ruhiger und geordneter war? Untermauert wird diese These durch den Erfolg von Filmen wie „Der große Gatsby" und „Der gelbe Rolls Royce". Oder von Partys im Stil der 1920er und 1930er. Frau liebt Vintage-Bücher, Vintage-Dekoration, Rock and Roll, Nostalgie und Luxus. Daneben sind offensichtlich die bei Damen gern gesehenen Attribute Stil, Grazie, Anmut dieselben, die auch Oldtimern zugeschrieben werden. *„Ich glaube, das passt gut zusammen, das ist wie bei Mode und Schuhen. Wenn man schöne alte Autos sieht, geht einem*

Entspannte Beifahrer können manchmal sehr hilfreich sein. Klausen Memorial/Klausenpass/Schweiz

einfach das Herz auf", sagt Karin Mahle, Ehefrau des vormaligen Rennfahrers und Kolbenfabrikanten Eberhard Mahle.

Nicht zuletzt der Flirtfaktor. Bei einer wissenschaftlichen Untersuchung auf der Hochschule Niederrhein im Kompetenzzentrum „Frau und Auto" wurde das Thema „Frau und Oldtimer" untersucht. Heraus kam, dass Damen alte Autos hauptsächlich als Kunstwerke sehen, mit denen sie Blicke anderer auf sich ziehen können.

Eines ist nicht zu übersehen: Die wenigsten Männer fällen die Entscheidung für einen Oldtimer ohne oder gar gegen den Willen ihrer Frau. Unsere Damen stehen zwar selten im Vordergrund, sind aber in Wirklichkeit viel öfter in Kaufentscheidungen involviert, als man glauben möchte. Wussten Sie, dass man im Englischen zwar „the car" sagt, also „das Auto", aber Oldtimer stets als „she" bezeichnet? „She" – ein mitreißendes Lied übrigens des großartigen Charles Aznavour, einem der zahlreichen Schüler Edith Piafs …

Drei Julias und ein Romeo – ein Hoch der Jugend. Ennstal-Classic/Österreich

Frauen mögen in der aktiven Oldtimerszene in der Minderzahl sein, das wird sich aber ändern. Und in Abwandlung eines alten Werbespruches einer großen deutschen Zeitung kann man durchaus die These in den Raum stellen: Hinter dem Oldtimer-Fahrer steckt immer eine starke Frau ...

SPECIAL 2

Oldtimer und Mode - oder: *Prêt-à-Porter*

"What a car-tastrophe! Fashion label 'Rag and Bone' has proven that there is no price too great when it comes to creating the perfect fashion campaign by smashing a beautiful vintage Porsche to smithereens". Auf dailymail.com im Juli 2015 „Ein Aufschrei ging durch die Porsche-Welt. Das New Yorker Modelabel ‚rag & bone' (engl: Lumpen und Knochen) hatte für einen Werbeclip einen Porsche-Oldtimer und ein weibliches Model engagiert. So weit, so langweilig. Die Story: Aus einem Loch im Boden raucht es schwarz. Das Model, eingehüllt in eine Art Filzmatte, stiert in die Kamera. Nach einigen esoterischen Synthi-Klängen taucht plötzlich ein Oldtimer, ein schwarzer Porsche 911 SC aus den 1980er-Jahren im Bild auf. Das Model läuft Richtung Kamera, während von der Studiodecke ein großer Betonklotz auf das schwarze Porsche Coupé knallt. Der Wagen wird dabei total zerstört."

Frei nach Blogger „hansbahnhof" auf „Teil der Maschine"

Eher die Ausnahme, wenn das Verhältnis zwischen Oldtimer und Mode dermaßen nachhaltig zerstört wird. In der Regel ergänzen sich beide recht gut.

Wie gut, zeigt das spanische ***Museo Automovilistico de Málaga.*** In einer ehemaligen Tabakfabrik präsentieren sich Autos diverser Epochen, aber auch die dazu passende historische Mode und die Hüte. Dieser Bereich wird unterteilt.

Apothesis: Hier steht ein 1958 von Richard Avedon belichtetes Foto in der Werkstatt von Dior im Mittelpunkt. – ***Fashion Victim:*** Beschäftigt sich mit dem Spannungsfeld von Frau und dem Material das sie trägt. – ***Spectra:*** Fantastische Exponate der Haute Couture, die in eine Welt voller mystischer Kunst und Komödie führen. – ***Trilogy:*** Spannungsfeld Mode und Automobil. ***From Mariano Fortuny to John Galliano:*** Dieser Teil zeigt die Entwicklung im 20. Jahrhundert, von der Belle Époque bis zur Eleganz der Nachkriegszeit. – ***From Balenciaga to Schiaparelli:*** Kopfbedeckungen aus allen Himmelsrichtungen.

Seine Trilogie beschreibt das Museum so: *"'Trilogy' explores the relationship between celebrity status in the fashion industry, style and choice of car. The close link between brands such as Chanel and Mercedes, Dior and Ferrari, Balenciaga and Hispano, Schiaparelli and Bugatti or Nina Ricci and Lancia. Whether your passion is culture, fashion or cars, you will be able to enjoy 40 exhibits and a range of designs, styles, designers and brands. The very best, timeless classics such as Aston Martin, Alfa Romeo, Maserati or Porsche with Gucci, Valentino, John Galliano, Paco Rabanne or Dolce & Gabbana."*

Einer der einflussreichsten Modezeichner des 20. Jahrhunderts, Renato Zavagli Ricciardelli delle Caminate (1909–2004), illustrierte unter seinem Künstlernamen ***Rene Gruau*** die Haute Couture von Christian Dior, Hubert de Givenchy und Cristóbal Balenciaga. Seinen schaffensreichen Lebensabend krönte der vitale Italofranzose 1985/86 mit der Posterserie „Rene Gruau per Maserati". Sehenswert, auch für Ferraristi.

MODESCHAUEN AUF VIER RÄDERN

Selten hat sich ein Museum so sehr der Verbindung von Mode und historischem Automobil verschrieben wie jenes in Málaga. Was jedoch öfter vorkommt ist, dass Museen entweder den Rahmen für Modeschauen oder Fotosessions mit und rund um Bekleidung geben oder ihre Autos dafür zur Verfügung stellen. So beispielsweise bei der Cologne Fine Art im November 2014 mit dem Beitrag Stilikonen, wo man Oldtimern der 1950er- und 1960er-Jahre die Mode derselben Zeit gegenüber stellte. Zitat: *„In der Sonderschau Style Icons wurde anhand ausgewählter Oldtimer und sorgfältig kuratierter Stücke der Haute Couture der perfekte Einklang von Form und Funktion, von Kunst- und Alltagsgegenstand veranschaulicht."*

Oder beim ***Museumsfest der Erinnerungen*** im ***Opelmuseum Rüsselsheim,*** wo Models die Mode der 1920er bis zu jener der 1970er präsentierten. Auch im Deutschen Technik-Museum, wo seit Jahren eine *„Leistungsschau der Modefotografie, des Modedesigns und des Stylings"* an ihrem Entstehungsort präsentiert wird. Halbe Orte stehen mitunter zur Verfügung, wenn etwa im deutschen

Villingen-Schwenningen für den Event ***„Alte Autos – neue Mode“*** ganze Straßenzüge gesperrt werden.

Bei den Herren der Schöpfung besonders beliebt ist Retro-Racing-Mode. ***Albert Westermann***, Unternehmer in Sachen Textil: *„Kleidungsstücke, bestickt mit Auto-Motiven oder Markenzeichen, sind sehr gefragt.“* Wenn man über Oldtimer-Messen schlendert, ist sicher mindestens ein Stand vertreten, der Lederjacken im Steve-McQueen-Look anbietet oder Kappen und T-Shirts mit Stickern von Shell bis Pirelli. Helme, Handschuhe und Overalls für die Piloten aus früheren Zeiten sind ebenso zu finden wie Tweed-Jacken, Knickerbockers oder Lederstiefel. Die Brüder ***Stefan*** und ***Marco Ruf***, von ihrer Ausbildung her Koch und Schlosser, schufen in den letzten Jahren mit ihrer Marke GPO ein Imperium rund um Oldtimer-Klamotten – Nachahmer haben sie längst gefunden.

Dieses und 199 weitere Modell-Kleider sowie 100 Automobil-Preziosen finden sich im Museo Automovillistico de Málaga.

GENTLEMEN, START YOUR ENGINES!

Nicht nur diese Art Rennfahrer-Outfit wird gerne getragen, manche Oldtimer-Veranstaltung gebietet förmlich zeitgemäße Kleidung. Nochmals Albert Westermann: *„Ich finde es sehr schön, dass es Firmen gibt, die Klamotten herstellen, die etwa in Vorkriegsautos passen. Bei Veranstaltungen rund um diese Fahrzeuge wie im englischen Goodwood*

Rubirosa-Schuhe. Ihre Motivation ist Porfirio Rubirosas Stil: Independent - Timeless - Passionate. Foto: Rubirosa

passen selbst die Zuschauer ihre Kleidung an. Das finde ich einmalig!“

“A certain crowd, but not crowded …” Auf der Netzseite der Organisatoren des „Goodwood Revival“ gibt es einen Knopf, der da lautet: What should I wear – was es so bei keinem anderen Oldtimer-Event gibt. Bisher zumindest.

Hier findet sich der freundliche, aber doch sehr bestimmte Hinweis: *“Goodwood is famous for being a stylish yet relaxed occasion and gentlemen are required to wear jackets and either ties, cravats or polo-necked sweaters in the Richmond Enclosure. Gentlemen traditionally wear linen suits and the archetypal ‘Goodwood’ Panama hats. Jeans and shorts are not permitted in the Richmond Enclosure. Ladies are encouraged to wear hats in the Richmond Enclosure at Glorious Goodwood. In other enclosures dress is informal. Bare chests and fancy dress are not allowed in any enclosure. Stiletto heels are not recommended for ladies (or indeed gentlemen) due to the terrain and decked areas …”*

Die Aufmachung möge also bitte aus jener Zeit sein, die der Veranstalter als zentrales Motto vorgibt … Die 150.000 bis 180.000 Besucher erscheinen jedoch einfach in Was-immer-sie-haben-oder-kriegen, meist aus der Zeit zwischen den Weltkriegen bis herauf in die 1960er. Kein Wunder also, dass sich vor allem in England eine Vielzahl von Firmen mit der Beschaffung oder auch der

Neuanfertigung von „alten" Kleidungsstücken beschäftigt.

Als Teamchef eines klassischen Ferrari-Gran-Turismo-Rennstalles müsste man daher in Goodwood im unvergleichlichen Kleidungsstil des Commendatore Enzo Anselmo Ferrari vorfahren: Anzug mit dem Hosenbund knapp unter den Achseln an Hosenträgern, Hemd und Krawatte, schwarze Sonnenbrille, Hut. „*Tutto a posto? Va bene cosi …*"

ANDERE LAUFSTEGE

Regularities wie die *Kitzbüheler Alpenrallye* krönt abschließend ein Concours d´Elegance, bei dem die betagten Schönheiten blitzen und glänzen und mit ihren Passagieren um die Wette strahlen. Das schönste Outfit im Stil der Bauzeit des Wagens wird dann ebenso prämiert wie die tollsten Karossen.

Mehr und mehr Besucher von Oldtimer-Messen erscheinen in dazu passender Kleidung. Überhaupt sind Oldtimer-Treffen aller Art ein hervorragender Zeitpunkt, sonst wenig getragenen Kleidungsstücke passend zur Ära des Automobiles auszuführen; die man – oder eher frau – vielleicht bei Londons größter „Vintage Fashion Fair" namens ***Frock Me*** erstanden hat.

Dann wären da noch die Taschen. Nicht so sehr bei Männern, die sieht man ja, sofern sie welche tragen, immer noch ein wenig schräg an. Nein, für die Krone der Schöpfung – *pour les femmes*. Die Dinger sind heute ab und zu von einer Dimension, dass man glauben könnte, die Ladies würden 14 Tage verreisen und müssten alles Nötige bei sich tragen. Von etwas kleinerer Dimension waren Taschen immer schon absolut notwendiges Accessoire. Jene, die gewählt werden (sollten), wenn es heute um ein passendes Outfit für eine Oldtimertour geht, müssten der manchmal beengten Platzverhältnisse wegen eher moderat ausfallen. Sie sollten aber auch knautschfest und leicht zu reinigen sein, es könnten ja Spuren von Öl darauf kommen!

Krönender Abschluss: der Hut. Verzichten sollte die Dame von Welt und Adel keinesfalls darauf. Denn als die alten Autos jung waren, verließ keine Lady das feine Haus ohne Hut. Die Herren ebenso wenig. Allenfalls wenn es brannte.

Es gibt Anlässe, bei denen der Einlass verweigert wird, wenn man/frau nicht in passender Kleidung erscheint, Opernbälle beispielsweise. Dann gibt es andere, bei denen ein entsprechendes Outfit gewünscht wird, wie bei manchen Concours d´Elegance, und dann gibt es Events, bei denen wir Oldtimerliebhaber alle in passender Gewandung erscheinen wollen – etwa beim Goodwood Revival!

… und sollte gerade kein passender Hut greifbar sein, so findet sich sicher ein agréables Teil im Automobil- und Modemuseum von Málaga

DELAGE

ALFA ROMEO
MILANO

HUMBER

AUSTRO DAIMLER

ALFA-ROMEO
MILANO

MINERVA

LAGONDA

PETRONAS
reimagining energy
Santander
vodafone
West
Mercedes AMG F1 W03
McLaren-Mercedes MP4-23
Mercedes-Benz W 196 R
28

2 Die Liebe entdecken – Küss den Frosch

Oldtimer-Messen und Oldtimer-Märkte – oder: *Knockin' on Heaven's Door*

„Im März erwartet Europas größte Oldtimermesse, die RETRO CLASSICS, Liebhaber und Sammler klassischer Automobile aus aller Welt."

Retro Classics, Stuttgart

„Mit mehr als 1.250 Ausstellern aus mehr als 30 Nationen zementiert die Techno Classica Essen ihre Bedeutung und setzt Maßstäbe, die anderen Veranstaltungen nach wie vor als Vorbild dienen."

Techno Classic, Essen

"The Emirates Classic Car Festival is a great opportunity for UAE enthusiasts and International participants to share their passion for beautiful and historic vehicles."

Emirates Classic, Dubai

„Die in Salzburg stattfindende Classic Expo entwickelte sich laut Aussagen namhafter europäischer Oldtimerhändler zu einer der besten Europas."

Classic Expo, Salzburg

Länger, breiter, höher, teurer – viele Messen und Ausstellungen ringen um Aufmerksamkeit. Und es werden nicht weniger. Im Gegenteil. Platzrekorde, Preistäfelchen-Rekorde und mitunter etwas zweifelhafte Verkaufsrekorde werden allerorts gemeldet. Viele Stände sehen aus, als ob sie direkt von den Neuwagensalons in Paris oder Genf kämen. Manche sind das wohl auch.

WHAT A MESS!

Wenig ist geblieben von den Teileständen früherer Jahre, den losen, auf plastiküberzogenen Klapptischen aufgelegten, eselsohrigen und abgegriffenen Werkstatthandbüchern, die neue Besitzer suchten, oder auch den zaghaften Versuchen der Oldtimerhändler, ihre manchmal etwas desolaten Altwagen anzupreisen. Vergangen sind die Zeiten, als mutige Aussteller einen Kunden schon von Ferne taxieren konnten, ihn, je nach Aberglaube und Erfahrung, oft nach den Schuhen als Käufer oder Schauer (ab-)qualifizierten, und je nach verkäuferischem Talent auf den Stand kriegten – oder auch nicht.

Heute reihen sich chromblitzende Preziosen Stoßstange an Stoßstange. Die Anarchie der frühen Tage ist einer Professionalisierung gewichen. Eingebürgert haben sich inzwischen fast überall Presse- bzw. Händlertage, an denen es die Möglichkeit von ruhigerem Arbeiten in lockerer Atmosphäre und ohne Gedränge geben sollte. Die Realität sieht manchmal anders aus: Man kann kaum glauben, dass es so viele Händler und Journalisten gibt.

Trotz allem, Messen haben ihren Wert: Sie sind ein Spiegel des Marktes geworden. Zwar verbleiben die angeschriebenen Preistäfelchen vieler

Mercedes-Benz präsentiert seine Grand-Prix-Geschichte. Frankfurt? Genf? Paris? Nein, Techno Classica in Essen/Deutschland

Autos mehr Wunschpreise oder Vorschläge, aber alles in allem repräsentieren sie den Markt recht gut. Natürlich funktioniert die Preisgestaltung vieler Händler, ein bisschen wie die Kursänderung eines Supertankers – der läuft auch noch lange in vorgegebener Spur, so nach dem Motto: letztes Jahr sind die Preise überall gestiegen, daher werden sie heuer wohl wieder etwas höher sein dürfen …

Neu ist seit einigen Jahren, dass Fahrzeughersteller vermehrt diese Bühne benutzen, um ihre Geschichte, manchmal aber ebenso um Zukunftsmodelle vorzustellen. Der Transfer von guten Emotionen rund um die Frühwerke der Hersteller werden zunehmend genutzt, bestehende sowie neue Kunden anzulocken und zu bedienen. Ein weiterer Grund ist sicher, dass das lohnende Ersatzteilgeschäft für die Alten einen immer größer werdenden Bereich auch für die Erzeuger der Wagen darstellt, den diese nicht – wie in der Vergangenheit – den „aftermarket"-Anbietern überlassen wollen.

MÄRKTE – ODER: FÜR EIN PAAR DOLLAR MEHR

Neben den großen internationalen Messen gibt es in fast jedem Land, in dem eine gewisse Menge an Klassikern vorhanden ist, auch Oldtimer- und Teilemärkte. Die Größe mancher dieser Märkte ist überwältigend, so etwa Beaulieu in Hampshire oder Hershey in den USA, sie ziehen oft enorme Massen an Interessierten an.

Daneben gibt es jedoch lokale, nicht allzu große Veranstaltungen, mit oder ohne spezifischen Schwerpunkt, manchmal kombiniert mit Markentreffen.

Die Veranstaltungen finden überwiegend im Freien statt, wetterfeste Hallen werden jedoch immer beliebter, und es reihen sich dort Stände von Automobilia, Literatur sowie Ersatzteilen jeglicher Art aneinander. Werkzeuge sind zu finden oder zeitgenössische Bekleidung, Memorabilia sowie Dienstleister rund um das mobile Hobby. Der Übergang zwischen Messen und Märkten ist also fließend.

Oft finden Präsentationen statt, manchmal zudem Wettkämpfe mit oder ohne Auto, einige der Einfachheit halber verbal, und diese werden dann meist ins Bierzelt verlagert. Es werden häufig Fahrzeuge angeboten, selten jedoch welche im obersten Preissegment. Diese sind oft gerade noch oder gerade nicht mehr fahrbar. Auch Autos, die irgendwie der Schrottpresse entkamen, kann man hier antreffen.

Edle Schönheit mit Patina: Bugatti Typ 35C von 1928 auf der Pariser RétroMobile

Teile über Teile, „fiddle the bits“ - hier kriegen Sie nur etwas mit „schwarzen Fingernägeln“.

Messen sind ein inzwischen unverzichtbarer Informationsbereich des Oldtimer-Marktes. Man sollte sich viel Zeit nehmen, mindestens zwei Tage pro Messe. Früh starten oder spät, zu den Stoßzeiten sehen Sie kaum noch was. Die angeschriebenen Verkaufspreise sind oft Wunschvorstellungen oder Verhandlungsansätze.

Was das Internet nur zeigen kann – hier können Sie es fühlen. Es gibt hier fast nichts, was es nicht gibt, Benzingespräche inklusive. Auto e Moto d'Epoca Padua/Italien

padiglione 7
corsia I
CERCHI AUTO D'EPOCA
Davide Tassi
Alfa Romeo
BARDAHL
TOURING
24 HEURES DU MANS
ricambi originali
FIAT
Vespa
GOOD YEAR

Oldtimer-Museen – oder: *Toy Stories*

"In the Land of nowhere, somewhere between Moscow and Wladivostok, we found the car. In a farmers barn. We brought it back, we did not restore it. It is a relic, you have to keep it as it is. Do not change it, it just gives you such a wonderful feeling; you never can replace that with paint. Doctor Akio Toyoda, the president of Toyota, the biggest car manufacturer of the world came to us and could not believe what he saw. He walked to the car, he touched it, did some steps back, and started to think. He was very quiet, he had his memories of his grandfather, who built that car by hand."

Evert Louwman, Museumseigner
zu seinem wertvollsten Automobil

Das einzige Exemplar eines der ersten Autos von einem Autohersteller, nein: von dem weltgrößten Autohersteller zu besitzen, wer möchte das nicht? Evert Louwman, holländischer Toyota-Importeur, der die schon frühzeitig begonnene Sammlung seiner Eltern massiv erweiterte, schuf mit dem im Jahre 2010 vom bedeutenden amerikanischen Architekten Michael Graves (1934–2015) entworfenen Komplex in Den Haag wohl eines der wichtigsten privaten Museen der Welt. Zusammen mit einem ausgesuchten Team rund um Uli Hack, einem der wichtigen bildnerischen Künstler Deutschlands, wurde ein besonderer, emotionaler Blick in die automobile Vergangenheit erzeugt. Der Künstler: „*Dieses Museum ist eine Sammlung nicht nur für den Autofanatiker, sondern auch für denjenigen, der einfach mit seinen Kindern hineingeht. Die Geschichten erzählen sich dann von selbst …*"

Die Welt der Automobilmuseen ist äußerst vielschichtig. Es gibt Häuser, die sich mit nur einem Hersteller beschäftigen. Andere, die sich einer Epoche widmen und wieder andere, die Mobilität in einen größeren Zusammenhang stellen. Die meisten Autohersteller zeigen nun – manche erst, nachdem sie ihre Preziosen jahrelang schamhaft in Katakomben versteckt hatten – stolz ihre Vergangenheit. Geschichte bekommt ein Gesicht, die Marken werden mit Leben, mit Emotion aufgeladen. Großväter zeigen stolz ihren Enkeln jene Wägen, mit denen sie besonders viel verbindet und/oder die sie sich meist nicht haben leisten können. Auch Väter erkennen oft freudig ihre jugendlichen Wunschträume und, wenn sie Glück haben, sogar ihre ersten Autos. Jugendliche erfahren spielerisch, dass es eine Welt vor Facebook und Twitter gab.

Viele Museen „leben": Autos werden durchgetauscht, bewegt, manche davon kann man auf diversen Veranstaltungen antreffen. Meist sitzt dann eine Berühmtheit drinnen, oft hoffnungslos überfordert mit der alten Technik, und nicht selten wird er oder sie sowas wie ein menschlicher Beschleuniger des Hinscheidens jenes automobilen Zeitzeugen.

Immer öfter aber fahren auch Manager oder Mitbesitzer der großen Werke mit diesen Oldtimern, das fühlt sich bei Dr. Wolfgang Porsche dann so an: „*Das sind ja alles tolle Autos die 30, 50 oder 70 Jahre alt sind und die gehen bei Regen, Schnee oder Eis den Berg rauf und den Berg runter.*" Zur Sicherheit meint Doktor Porsche: „*Aber ein bisschen eine Disziplin braucht's halt, auch wenn man gerne Gas gibt. Mein Sohn hat einmal zu mir gesagt: ‚Papa, fahr dem jetzt vor!' Dann sage ich: ‚Dem fahr ich jetzt nicht vor. Denn wenn ich mir überlege, dass ich mir selbst entgegen komme, dann würde ich da nicht vorfahren.'*"

Man darf allerdings nicht übersehen, dass Museumsautos nicht immer so gut sind, wie sie aussehen. Manche sind keineswegs so nahe am Original wie dies wünschenswert wäre. Auch deren Funktion steht nimmermehr im Vordergrund, sondern ihr Eindruck. Deshalb ist eine gewisse Vorsicht geboten, wenn ein Wagen in „Museumsqualität" angeboten wird, speziell von einem nicht ganz so renommierten Haus.

Unter Experten gibt es dafür sogar einen Fachausdruck: „Schlumpfisierung". Die Gebrüder Schlumpf hatten nicht nur eine der weltgrößten Autosammlungen, vornehmlich der Marke Bugatti, ins Leben gerufen, sondern auch eine Art des Restaurierens an manchen Modellen vorge-

▶▲ Das private Museum Louwman zeigt neben rund 300 außerordentlich sehenswerten Exponaten das älteste Allradauto mit Verbrennungsmotor: den Spyker 60 H.P. von 1903. Den Haag/Niederlande.

▶ Das Werksmuseum von Mercedes-Benz zeigt uns Automobilgeschichte von 1886 bis heute. Stuttgart/Deutschland

LOUWMAN
MUSEUM
LOUWMAN
MUSEUM

Carrera

nommen, bei der den eignen Vorstellungen mehr Gewicht gegeben wurde als der Originalität.

Die Zahl faszinierender Museen ist riesig. Hersteller betreiben welche, Vereine, Fans … Einige wenige sollen hier erwähnt werden.

BMW-Museum, München, Bayern. Ein futuristisches Gebäude vom bedeutenden Wiener Architekten Karl Schwanzer (1918–1975). Die Autos sind auf einem spiralförmig laufenden, sich nach außen wölbendem Weg aufgereiht. Eine weitere, große Ausstellungsfläche gibt es unter dem Dach; dort werden wechselnde Präsentationen gezeigt und im daneben befindlichen, neuen Gebäude die Dauerausstellungen.

British Motor Museum, Gaydon, England. Nach eigenen Worten die größte Sammlung von britischen Automobilen. Entwachsen aus einer Sammlung von Modellen der Fa. British Leyland Motors Corporation. Neben fixen und variierenden Ausstellungen gibt es ein eigenes „research and registry service“, das für einen kleinen Betrag umfassende Information zu fast allen britischen Modellen geben kann, sofern man die VIN (Fahrgestellnummer) in seiner Anfrage anführt.

Cité de l'Automobile, Collection Schlumpf, Mülhausen, Elsass. Die vielleicht größte Sammlung von Automobilen steht in einer riesigen ehemaligen Wollspinnerei. Die Gebrüder Schlumpf hatten zunächst heimlich und mittels Strohmännern unfassbare Autoschätze angehäuft, bis sie damit die Textilfabrik ihrer Familie ruiniert hatten. Die öffentliche Hand übernahm unter Inkaufnahme enormer Rechtsstreitigkeiten die Sammlung und betreibt seitdem das Museum. Gezeigt werden vornehmlich Fahrzeuge bis 1939; die Marke Bugatti steht im Mittelpunkt.

Donnington Park Grand Prix Collection, Castle Donnington, GB. Vielleicht die größte Ansammlung von Formel-1-Autos in der Welt. Gegründet wurde die Sammlung bereits 1973 vom bereits verstorbenen Tom Wheatcroft mit dem Ziel, eine umfassende Geschichte von Grand-Prix-Wagen zu bewahren und auch zu zeigen. Neben den F1-Autos finden sich auch eine ganze Reihe von weiteren Formel-Wägen, und zunehmend auch aus der (motorisierten) Militärgeschichte, da der Sohn des Gründers besonderes Interesse an diesem Metier hat.

Gosford Classic Car Museum, Gosford, NSW, Australien. Der tschechisch-stämmige Australier Tony Denny verdiente als größter Autohändler Zentral- und Osteuropas sein Geld, das er in diese Sammlung von mehr als 400 historischen Automobilen steckte und damit eine der größten privaten Sammlungen schuf. Thema gibt es keines oder viele. Er möchte nach eigenen Worten einfach *„car lovers, enthusiasts and car nuts“* ansprechen.

Indianapolis Motor Speedway Museum, Indianapolis, USA. Diese Sammlung beschäftigt sich, wenig überraschend, mit Rennwagen und ihren Fahrern sowie Devotionalien rund um das berühmteste Rennen der amerikanischen Welt. Viele Wagen sind unrestauriert und sozusagen direkt von der Rennstrecke ins Museum gerollt. Es beherbergt aber nicht nur die „Hall of Fame“ von Indy selbst, sondern zeigt auch andere Formen des – meist amerikanischen – Motorsports samt derer Helden.

Louwman Collection, Den Haag, Niederlande. Die früher als ***„Nationaal Automobiel Museum“*** bekannte Privatsammlung. Neben zahlreichen Automobilen des niederländischen Herstellers Spyker finden sich hier enorm viele Wägen aus der Zeit vor 1910.

Mercedes-Museum, Stuttgart-Untertürkheim, Deutschland. Als Teil der Mercedes-Benz-Welt ist der Bau des niederländischen Architekten Ben van Berkel ein scheinbar vor sich hinschwingender Grundkörper mit weiten Kurven, in dessen Innerem sich ein chronologisch angeordneter „Mythosrundgang“ befindet. Hier werden die Geschichten von Daimler, Mercedes, Benz, Daimler-Benz und Mercedes-Benz in Epochen dargestellt.

Musei Ferrari, Maranello und Modena, Italien. Ferrari, die Marke mit vielleicht dem größten Glorienschein, hat im Umfeld des Werkes nicht nur ein Museum in Maranello, sondern auch eine weiteres in Modena. Gezeigt werden aber nicht nur die Autos und ihre Geschichte, auch viele der unzähligen erworbenen Trophäen werden ausgestellt, Fotografien, geschichtliche Dokumente und historische Objekte, die mit der Marke verbunden sind. Aber auch neue und neueste Technik sowie derzeitige Renner gibt es zu bestaunen.

◀▲ Für Alfisti der schönste Romeo der Welt. 8C 2900B mit Berlinetta-Karosserie von Touring, Milano. Gesehen im Museo storico Alfa Romeo, Arese/Italien

◀ Für Porschisti der geilste 11er überhaupt: Carrera RS 2,7 – mit grün. Porsche Museum, Stuttgart/Deutschland

Museo Nazionale dell'Automobile, Turin, Italien. Schon im Jahre 1932 gründete Carlo Biscaretti di Ruffia dieses nationale Autobilmuseum, das 2011 nach den Plänen des Architekten Cino Zucchi umgestaltet wurde. Es zeigt eine der weltgrößten Sammlungen an Fahrzeugen, aber auch deren Hintergrund an technischen Daten, Archivbildern sowie Geschichten und Geschichterln. Das alles wird nicht nur analog erfassbar gemacht, sondern auch über alle möglichen digitalen Technologien.

Petersen Automotive Museum, Los Angeles, Kalifornien, USA. Schon die futuristische Fassade des ehemaligen japanischen Einkaufszentrums in LA, das vom Architektenteam Kohn Pedersen Fox gestaltet wurde, verspricht Großes. Es hat sich zum Ziel gesetzt, „*... to explore and present the history of the automobile and its impact on American life and culture*". Gezeigt werden vorwiegend Autos, die in den USA gebaut wurden und populären Meilenwerken. Hier können Besucher sowohl die alten Autos bestaunen als auch den Restaurateuren bei ihrer Arbeit zusehen. Initiiert wurde es vom Basler Unternehmer Stephan Musfeld.

Technisches Museum Wien, Österreich. Das in einem klassizistischen Bau beheimatete Museum ist eine umfangreiche Sammlung aller Arten von technischer Geschichte, mit dem Schwerpunkt Österreich. Ein Teil der umfangreichen Sammlung ist dem Verkehr gewidmet, dort finden sich auch Raritäten wie z. B. ein Wackeldackel oder ein Nachbau des Siegfried-Marcus-Wagens neben einem originalen Mercedes W196 Silberpfeil.

Zeithaus Wolfsburg, Niedersachsen, Deutschland. Als Teil der riesigen VW-Entertainment-Anlage ist das vom Architekturbüro Henn geplante Museum in Deutschlands Autohauptstadt das vermutlich meistbesuchte der Welt. Über 60 Marken werden hier präsentiert, und da gibt es

Museen geben sich große Mühe, einzelne Marken oder auch Zeiträume abzubilden. Man kann dort viele Exponate auf engstem Raum betrachten und auch vergleichen; aber nicht immer sind alle Ausstellungsstücke ganz so original wie man uns das weismachen will. Nirgends sonst jedoch bekommt man die Stimmung, das Gefühl „wie-es-ist-so-etwas-zu-fahren" besser vermittelt, als an diesen Orten, die zunehmend von den renommiertesten Architekten und Künstlern unserer Zeit gestaltet werden.

▶ 100 Jahre Maserati im Basler Pantheon/Schweiz

▼▼ Maserati 250F, Lancia-Ferrari D50 und Alfetta Tipo 159 im Museo Nazionale dell'Automobile in Turin/Italien.

solche, die in Filmen eine Rolle spielten, aber auch Gefährte von Stars und Sternchen wie der Ford GT40 Street des Salzburgers Herbert von Karajan oder der gelbe, von Lincoln-Mercury verkaufte DeTomaso Pantera von Elvis Presley. Daneben beherbergt das Museum auch ein „Art Center College of Design".

Pantheon Basel, Schweiz. Das von den Architekten Toffol und Partner gestaltete kreisrunde Haus nennt sich selbst „Forum für Oldtimer-Besitzer und -Interessierte". Eine Kombination aus Museum und Garage. Es versteht sich als Begegnungsort – wohl ähnlich den in Deutschland erstaunlicher Weise auch einige, die (noch) nicht zu VW gehören. Hier stehen Meilensteine der Entwicklungsgeschichte im Fokus.

Porsche-Museum in Stuttgart-Zuffenhausen, Deutschland. Das besonders auffallende Haus der Wiener Architekten Delugan/Meisl beheimatet wechselnde Exponate des Sportwagenherstellers. Dabei verwundert nicht, dass Rennwagen deutlich öfter vertreten sind als in anderen Automobilmuseen. Autos dieser Schau werden besonders oft „in freier Wildbahn" eingesetzt, keineswegs immer zum Wohlgefallen der Restaurationsabteilung.

Ein interessantes Projekt wird von der virtuellen Oldtimer-Zeitung eines Herrn R. Sebastian betrieben, nämlich das ***„Virtuelle Kraftfahrzeug Museum“***. Hier werden oft schon längst verschwundene Marken kurz beschrieben und an weiterführenden Links verwiesen. http://vkma.voz.co.at/

Zur Abrundung sei noch einmal Uli Hack zitiert, der gute Museen so charakterisiert: *„Da kannst Du schnell oder langsam durchgehen und hast am Ende immer das Gefühl, nochmal reingehen zu wollen.“*

4

75
1

Concours d´Elegance – oder: *I have a Dream*

„Es ist ein paar Jahre her, da kam zu meinem Nachfolger Arno Reinbacher ein vermögender Mann namens Ernst, der sich – nachdem er beruflich alles erreicht, was er sich vorgenommen hatte – seinen Jugendtraum von einem alten Porsche erfüllen wollte. Und er träumte auch davon, ihn auf dem wahrscheinlich berühmtesten Concours d'Elegance der Welt zu präsentieren, in Pebble Beach. Aber ein ‚hundsordinärer' kleiner Porsche 356 hätte dort überhaupt keine Chance, eingeladen zu werden, sagte man Ernst. Ihm war das egal, er legte sich daher statt eines Speedsters, oder Roadsters ein ganz einfaches 356 C Cabriolet zu, und schon zwei, drei Jahre und so richtig viel Geld später war der Wagen bereit, über den Großen Teich verschifft zu werden. Restauriert, oder besser gesagt so aufwendig hergerichtet, dass er sicher schöner war als neu.

In Vorbereitung des Concours lud Ernst den Restaurator und auch mich ein, das Terrain zu erkunden, vielleicht auch, um sich auf seinen persönlichen Sieg einzustellen, denn er hatte geschafft, was schier unmöglich schien – der Startplatz wartete. Was das Ganze noch etwas interessanter für Ernst machte: dass gerade in diesem Jahr, zum 60. Jubiläum von Porsche, die berühmte Nummer 1 der Sportwagenmarke ebendort präsentiert werden würde. DIE Ikone aller Porschisti, eines der wichtigsten Autos unserer europäischen Automobilgeschichte. Und dann waren wir dort, am 18. Loch in Pebble Beach. Da stand er nun, ein kleiner, offener Wagen mit Mittelmotor; silbrig, flach, zierlich, aber doch kraftvoll und seiner Zeit im Design weit voraus.

Zufälligerweise parkte das Prachtstück aber nicht in einer der vorderen Reihen und näher bei den Favoriten des Wettbewerbs, sondern in der dritten Reihe, ums Eck vom Nahrungsgrundversorger vieler Amis – der McDonalds-Bude. Und diese bot ihren Feinschmeckern zu geringe Möglichkeiten den umfangreichen Grundmüll an Plastik und Karton zu entsorgen. Das war auch deshalb notwendig, da massenweise gestrenge Ami-Wächter darauf achteten, dass ja kein Unrat auf den edlen Rasen käme. Was taten die fürnehmen Gäste also? Ganz einfach, der offene Kleinwagen bot doch sooo viel Platz …

Hier sei der Fairness halber eingefügt, dass ein Mitarbeiter des Veranstalters sofort nachdem er davon in Kenntnis gesetzt wurde, den Wagen reinigen ließ und dieser ab dann auch streng bewacht wurde.

Ernst wurde bleich, als er die millionenschwere Mülltonne sah. Nicht ganz klar blieb, ob ihn die Schändung seines Denkmals schockierte oder die Perspektive, sein eigenes Cabrio im nächsten Jahr ebenso voller Mist vorzufinden. Von schnellem Entschluss, trommelte er seinen Stab zusammen und teilte knapp mit: ‚Hierher kommt mein Auto nicht!' Ohne Rücksicht ob irgendwelcher bereits entrichteter Gebühren oder der enormen sonstigen Kosten für das Projekt ‚Little Porsche goes Pebble Beach' hatte er es einfach gecancelt.

Die Moral von der Geschichte? Wenig später gelang es mir, Ernst mit Dr. Wolfgang Porsche bekannt zu machen. Die beiden kamen überein, das kleine Cabrio im Porsche-Museum auszustellen. Einen strahlenderen Porsche-356-Fahrer habe ich in meinem Leben nie wieder gesehen. Und weil das Auto so schön war, wurde es auch bei der Jubiläums-Präsentation ‚50 Jahre Porsche 911' neben dem Jubilar ausgestellt".

Richard Kaan

Rennwagen müssen schnell sein – Schönheit ist dabei kein Hindernis. Wohl aber die Voraussetzung, um zur Villa d'Este geladen zu werden. Tivoli/Comer See/Italien.

WAS IST DAS DENN, EIN CONCOURS D'ELEGANCE?

Das sind Veranstaltungen, bei denen Erhaltungs- oder Restaurationszustand von historischen Automobilen bewertet werden, aber manchmal auch deren Design und Geschichte. Die jeweiligen Gastgeber sind entweder Clubs oder Organisationen, manchmal auch Unternehmen. Sie unterwerfen sich meist den entsprechenden Regeln der FIVA.

Oder, um es etwas nobler auszudrücken, wie der Veranstalter des Concours of Elegance Windsor Castle: "*In reality a concours is an exhibition of priceless art. Automotive sculptures that stand as a lasting testament to the brilliance of pioneering*

elf

Strenge Augen des Gesetzes wachen über den Ferrari 750 Monza. Mich hat er schon am Kieker. Villa d`Este/ Italien

engineers, innovative designers and skilled coach-builders."

Als Eigner eines entsprechenden Automobils kann man sich entweder selbst bewerben oder man wird eingeladen. Im Vorfeld werden die Wagen meist von Fachleuten gecheckt, die sich bei deren Originalität auskennen – zumindest auskennen sollten. Dies ist inzwischen richtig schwierig geworden, weil dank der enormen Werte getrickst wird, was das Zeug hält, wovon viele Besitzer oft selbst gar nichts wissen.

Die Autos werden in der Regel sowohl von einer Jury bewertet als auch vom Publikum. Eingeteilt wird in Klassen, nach Baujahren, aber zudem nach Groß- oder Klein-Serien, Prototypen, einem besonderen Motto oder Stil etc.

Eine Teilnahme ist meist mit erheblichen Kosten verbunden, allein die Nenngelder betragen viele tausend Euro. Dazu kommen Transport, Versicherung, Aufbereitung, Betreuung vor Ort sowie die standesgemäße Unterkunft für alle Beteiligten. Die Menschen, die sich das leisten wollen, sind laut ex-Porsche-Designer Harm Lagaay „... *ein Mikrokosmos der wichtigsten, ernsthaftesten, kompetentesten Kenner oder Sammler und Liebhaber von extrem interessanten, schönen und eleganten Automobilen*".

Der Wert einer Auszeichnung ist erheblich. Zunehmend werden Klassiker auch nach ihrer Platzierung bei wichtigen Schönheits-Wettbewerben beurteilt, ihr Preis kann bei Siegen enorm steigen.

Meist sind die jeweiligen Wettbewerbe einem speziellen Thema gewidmet; dies kann eine Marke sein, ein bestimmter Karosseriebauer, ein Jubiläum oder auch eine bestimmte Fahrzeugart. Jeweils im Mittelpunkt stehende Marken nutzen die Gelegenheit gerne dazu, Prototypen zu zeigen und einem ausgesuchten Publikum aus Händlern und Kunden zukünftige Modelle vorzustellen. In der Regel wird so ein Event von einem Hauptsponsor begleitet. Riesige Zelte werden aufgebaut und Unmengen an Celebrities eingeladen. Berühmtheiten rund um die Marke, oft ehemalige Rennfahrer, verleihen der Veranstaltung den entsprechenden Glanz.

Sehr oft finden zeitgleich Auktionen statt. Wo sonst hätte man so viel „Zielpublikum" zur richtigen Zeit am richtigen Ort?

Wohl der bedeutendste und berühmteste Oldtimer-Schönheitswettbewerb überhaupt ist der ***Pebble Beach Concours d'Elegance.*** Er findet in Monterey, Kalifornien statt, der von John Steinbeck in mehreren Romanen verewigten Küstenstadt. Nahe dem 18. Loch des berühmten Golfkurses über dem „Steinchenstrand" von Pebble Beach treffen sich jährlich mehrere 100.000 Besucher. Samt Rahmenprogramm dauert der Event eine ganze Woche. US-amerikanische Autos stehen dabei im Mittelpunkt. Ein strikter Dresscode für Teilnehmer ist gefordert, das ergibt ein stimmiges Bild von Fahrzeug und Besitzer – für Zuschauer leider nicht. Den ersten Wettbewerb gab es hier 1950, und seit 1960 wurde kein einziges Jahr ausgelassen. So um 240 automobile Kostbarkeiten werden jeweils zugelassen. Hauptsponsor ist derzeit Mercedes-Benz.

Der ***Amelia Island Concours d'Elegance*** hat eine Besonderheit. Merkmal dieser Veranstaltung in Florida ist, dass nicht nur einer Sieger wird, sondern deren zwei, denn es gibt gleichrangig einen Concours d'Elegance und einen Concours de Sport. Gastgeber ist das Ritz Carlton in Amelia Island, der Erlös kommt karitativen Zwecken zugute. Rund 250 Autos werden zugelassen, einige kommen auch aus Europa. Jedes Jahr steht eine Marke im Mittelpunkt. Weiters gibt es im Rahmen der Veranstaltung auch ein, manchmal zwei Seminare zu besonderen Themen rund um alte Autos.

Der älteste und vielleicht auch nobelste der europäischen Events dieser Art ist der ***Concorso d'Eleganza Villa d'Este.*** Er findet alljährlich am Comer See nördlich von Mailand an zwei Standorten statt, eben in der Villa d´Este für geladenes Publikum und zwei Tage später in der nahen Villa Erba für die Allgemeinheit. Beide haben riesige Parks direkt am See. Genau (!) 51 zugelassene Autos werden oft mit Flugzeugen aus der halben Welt herbeigeschafft, oft auch in klimatisierten Spezialtransportern. Der Veranstalterclub nominiert im Vorfeld die ausgeschriebenen Klassen und nennt sie z.B. „The Great Gatsby" für Prunkschlitten aus den 1920er-Jahren oder „From St. Tropez to Portofino" für Luxus-Roadster. Hauptsponsor und Mitveranstalter ist seit Jahren BMW.

Im kreisrunden französischen Barockgarten, auch Achsengarten genannt, findet man rund 160 Wagen während der ***Classic Gala in Schwetzingen***, westlich von Heidelberg in Baden-Württemberg. Dabei sortieren die Veranstalter die Automobile nach Baujahren und bilden so eine weitere Achse, eine automobile Zeitachse. Mit seinen Rahmenprogrammen ein richtiges Familienfest.

Frei nach dem Motto „Jewels in the Park" werden auf dem riesigen Areal des Wasserschlosses bei den ***Classic Days Schloss Dyck*** rund 50 Fahrzeuge gezeigt, Baujahre 1900 bis 1965. Sie sind Rahmenprogramm eines großen Oldtimerfestes, bei dem von ausgesuchten Fahrern auf einem Kurs Demonstrationsrunden gefahren werden. Daneben gesellen sich zig Clubs und vielleicht 7.000 bis 9.000 Oldtimer samt ihren – meist auch schon entsprechend passend zu ihren Preziosen gekleideten – Eignern und deren Familien und Freunde, rund um das Schloss. Man könnte sagen: *„Dyck goes Goodwood".*

Retro Classic meets Barock: Im Innenhof des Residenzschlosses Ludwigsburg nördlich von Stuttgart finden sich rund 50 ausgesuchte Klassiker ein, bereit, von einer äußerst fachkundigen Jury bewertet zu werden. Jedes Fahrzeug kann nur

Défilé in Neuchâtel am Neuenburger See. An einem anderen, nämlich dem Bielersee, fand anlässlich des Lignières Historique dann die Siegerehrung statt.
À propos Lignières: Dort befindet sich die einzige permanente Rennstrecke der Schweiz.

einmal daran teilnehmen. Es werden Automobile aus der Zeit von 1886 bis 1966 zugelassen. Daneben dürfen etwa 200 weitere automotive Juwelen im Rahmen des „Festival of Classic Cars" ihre Geschichte erzählen. Als Rahmenprogramm gibt es Ausfahrten, beispielsweis das „Retro-Picknick au château", elegante Abendveranstaltungen sowie reichlich Prämierungen.

Noch näher an gekrönte Häupter als beim ***Windsor Castle Concours of Elegance*** kommt kein Oldtimer-Event. Die Queen persönlich hat das automobile Schaulaufen erlaubt, vielleicht auch deshalb, weil im 17. Jahrhundert ein ***„concours d'élégance"*** in Paris, das zur Schau Stellen von Kutschen samt deren Inhalt war. Später erst, als die Pferde vor den Karossen verschwanden, wurde daraus ein Schönheitsbewerb für Automobile.

„*The Concours of Elegance at Windsor Castle will bring together a larger selection of cars than ever and the main focus of the Concours will be sixty of the world's most incredible cars gathered from all corners of the globe in to the glorious quadrangle at Windsor Castle.*" So der Veranstalter, Thorough Events.

Salon Privé, UK – der Name spricht für sich, schenkt man dem Originaltext des Veranstalters Glauben. „*It presents automotive style & elegance against the sensational back drop of historic Blenheim Palace in Oxfordshire. It is the UK's most exclusive automotive Garden Party as well as one of the most glamorous social occasions on the calendar. Attracting exhibitors, concours entrants and visitors from around the world, it has become a destination to which like-minded friends and enthusiasts flock every year to indulge in their shared passion of all things automotive and luxury. Away from the crowds […], it's an opportunity to relax, admire and experience this uniquely intimate event*".

Kaum wo auf der Welt ist die Begeisterung für Autos größer als in Arabien. Normalerweise allerdings für Neuwagen. Deshalb ist Kuwait nicht wirklich das Land, in dem man einen Concours d´Elegance erwarten würde. Und doch: Seit 2010 findet auch hier ein Schönheitswettbewerb statt, der ***Kuwait Concours,*** nachdem es sich exakt zum 100. Mal jährte, dass das erste Auto durchs Kuwaitische Reich rollte. Es war ein Minerva, den sich Scheich Mubarak bin Sabah Al Sabah aus Belgien importiert hatte. Dass dabei neben den Oldtimern auch moderne Supercars stehen, stört hier genau niemanden.

Tokyo Concours d'Elegance: Japanische Autohersteller sind für wertvolle Klassiker oft noch zu jung, doch natürlich hat auch die Autonation Japan eine Schönheitskonkurrenz. Chairman Paul Goldsmith: „*Unsere Veranstaltung soll das asiatische Äquivalent zu Villa d'Este und Pebble Beach werden.*"

Schönheitswettbewerbe für auto-mobile Preziosen boomen. Einer der Gründe ist sicher, dass man diese Schmuckstücke auf öffentlichen Straßen kaum mehr bewegen darf oder will. Ein anderer könnte sein, dass man beim Fachsimpeln „entre nous", also unter sich bleiben will. Und wieder ein anderer wäre vielleicht, dass Erfolge bei diesen Wettbewerben maßgeblichen Einfluss auf den Wert des Oldtimers haben können. Warum auch immer – tolle Fahrzeuge in traumhafter Umgebung, Herz was willst Du mehr?

Sichtllich stolz der Herr - die Dame auch. Und selbst der Lagonda Rapid GL45 von 1936 strahlt. Villa d'Este/Italien

Verbände, Vereine und Clubs – oder: *Die Unbestechlichen*

Die **FIVA** – nicht zu verwechseln mit der FIFA. *„Die Fédération Internationale des Véhicules Anciens (FIVA) ist der Weltverband der Oldtimerclubs. Er setzt sich für den Erhalt historischer Fahrzeuge ein, die einen wichtigen Bestandteil unseres technischen Kulturerbes darstellen. Gegründet wurde er 1966 in Paris und vertritt heute insgesamt über 1,5 Millionen Oldtimerbesitzer aus über 60 Ländern". Soweit die deutsche Übersetzung der Selbstdefinition. Und weiter:*

> Es gibt rund 1,5 Millionen historische Fahrzeuge in Europa, die teilweise in Clubs erfasst sind. Nationale Verbände fungieren als Vermittler gegenüber Behörden und koordinieren die Verbandsmitglieder. Die FIVA stellt eine internationale Plattform aller Oldtimer-Clubs und nationalen Verbänden dar, sie repräsentiert deren Anliegen in der breiten Öffentlichkeit.

YESTERDAY'S VEHICLES ON TOMORROW'S ROADS

"There are thousands and thousands of historic vehicle owners throughout the world, each one of whom wants to use their own vehicle as they see fit. FIVA is there to encourage each and everyone of these people through its various working groups and caters for all sorts of historic vehicles from agricultural tractors through commercial vehicles to cars and motorcycles."

Deshalb diese vielen Worte über die FIVA, da eine Vertretung der Interessen der vielen Oldtimerfahrer ohne eine schlagkräftige Organisation nicht funktionieren kann. Man mag ja alle möglichen Argumente ins Rennen führen, warum ein historisches Auto nicht mehr auf die Straße gehört. Man sollte aber vorher alle ihre Anstrengungen und auch deren Folgen bewerten, die rund um Sicherheit, Umwelt, Organisation, Veranstaltungen für und mit Oldtimern etc. unternommen werden.

Als sozusagen oberstes Organ wirkt die FIVA, welche auch direkten Kontakt zu den diversen politischen Funktionären und deren Ausschüssen pflegt. So werden beispielsweise in der „European Parliament Historic Vehicle Group" relevante Bereiche mit EU-Parlamentariern erörtert.

Die FIVA (bzw. deren Repräsentanten) stellt darüber hinaus Wagenpässe aus, welche zur Teilnahme an bestimmten Veranstaltungen berechtigen (FIVA Identity Card). Sie erlässt verschiedene Event-Codes, also Veranstaltungs-Reglements für bestimmte Events. Weiters erarbeitet sie Leitlinien für Inhaber von historischen Fahrzeugen, bezüglich des Verhaltens im und außerhalb des Straßenverkehrs. Sie gibt Definitionen von Oldtimern vor, auch für deren Zustands-Kategorien. Und noch einiges mehr ... Schließlich erarbeitete die FIVA über viele Jahre die ***„Charta von Turin"***, ein weltweit anerkanntes Dokument für den Umgang mit historischen Fahrzeugen. Natürlich ist das kein „Polizei-Dokument", aber doch eine Richtlinie, die zumindest weltweit Einfluss auf die Gesetzgebung haben wird, manchmal schon hat; sind doch viele Richtlinien und Verordnungen daran angelehnt. Die Charta selbst orientiert sich an ähnlichen historischen Dokumenten wie der „Charta von Venedig" aus dem Jahr 1964, in welcher die UNESCO den Umgang mit Kulturgütern definiert, oder der „Charta von Tallinn", in der es 2008 die Mitgliedstaaten der WHO (Weltgesundheitsorganisation) *„dazu verpflichtet, durch Stärkung der Gesundheitssysteme auf eine Verbesserung der Gesundheit aller Menschen hinzuarbeiten ..."*

In dieser „Charta von Turin" ist nun in mehreren Kapiteln der Umgang mit historischen Fahrzeugen und die Pflege, sowie der Schutz derselben vor Verfall angesprochen. Einzelne Kapitel sind: Ziel, Zukunft, Pflege, Standpunkt, Verfahren, Geschichte, Genauigkeit, Erscheinungsbild, Planung, Archive, Status. Hier ist sie zu finden:

fiva.org/wp-content/uploads/02-Turin-Charter-final-version-english-german.pdf

NATIONALE VERBÄNDE

Nachdem die FIVA eine Repräsentanz der nationalen Verbände ist, seien ein paar davon erwähnt. In Deutschland ist es die ***Oldtimersektion des ADAC,*** die diese Funktion wahrnimmt, und in der Schweiz die ***Swiss Historic Vehicle Federation (FSVA)***. In Österreich, einem kleinen Land, ist der Name dafür etwas länger, hier ist der ***Österreichische Motor-Veteranen-Verband (ÖMVV)*** tätig, und in Großbritannien gibt es die ***Federation of British Historic Vehicles Clubs Ltd. (FBHVC)***. Schlussendlich ist der entsprechende FIVA-Vertreter in Nordamerika die ***Historic Vehicle Association (HVA)***.

Obwohl die österreichische Repräsentanz der FIVA der ÖMVV ist, darf man den nationalen Automobilclub *ÖAMTC* nicht vergessen, denn dieser hat eine eigene Oldtimer-Abteilung, die in allen Angelegenheiten mit Rat und Tat zur Verfügung steht.

Die jeweiligen nationalen Verbände wiederum repräsentieren die nationalen Clubs, und sagen über sich selber:

Österreich: *„Der österreichische Motor-Veteranen-Verband (ÖMVV) ist der Verband für das historische Fahrzeugwesen in Österreich, als solcher die Interessensvertretung der OldtimerbesitzerInnen gegenüber dem Gesetzgeber und Serviceorganisation für seine Verbandsmitglieder.“*

Schweiz: *„Die SHVF ist als nationale Vertretung der FIVA für die Einhaltung der internationalen Regeln der FIVA sowie für die Ausstellung der FIVA-Fahrzeug-Identitätskarten als Dokument über Zustand und Originalität verantwortlich.“*

Deutschland: *„Das Präsidium der Fédération Internationale des Véhicules Anciens (FIVA) hat den Status der nationalen Vertretung der FIVA in Deutschland am 18. Juli 2008 auf die Oldtimersektion im ADAC übertragen. Alle Rechte und Pflichten des Weltverbandes in Deutschland werden damit von Europas größtem Automobilclub wahrgenommen.“*

England: *"The Federation of British Historic Vehicle Clubs exists to uphold the freedom to use historic vehicles on the road. It does this by representing the interest of owners of such vehicles to politicians, government officials and legislators both in the UK and (through the Federation International des Vehicules Anciens) in Europe."*

Und schlussendlich die USA, kurz und knackig: *The mission of the Historic Vehicle Association (HVA) is to promote the cultural and historical significance of the automobile and protect the future of our automotive past.*

Im Organigramm unter diesen Verbänden befinden sich also die Clubs; zumindest jene, welche Mitglieder der nationalen Verbände sind.

CLUBS

Es gibt jede Menge nationaler Oldtimer-Clubs, allein in Deutschland sollen es mehr als 1.000 sein, in der Schweiz rund 100 und in Österreich vermutlich kaum weniger. Daneben gibt es eine Vielzahl von internationalen Vereinen, Clubs und Interessensgemeinschaften. Viele Oldtimer-Besitzer nutzen die Vorteile von Mehrfach-Mitgliedschaften. Vorteile einer Mitgliedschaft bestehen hauptsächlich im Treffen mit Gleichgesinnten, den gemeinsamen Unternehmungen sowie Rat und Tat der Mitglieder. Daneben gibt es, je nach Größe der Clubs, umfangreiche Tätigkeits-Bereiche, wie Teilebeschaffung und manchmal sogar deren Nachfertigung. Expertentum für bestimmte Marken und Typen, Präsentation des eigenen Autos auf der Internetseite des Clubs, Literaturangebote, Fortbildung in Sachen alter Technik, Hilfe gegenüber Behörden und Beratungen in vielerlei Hinsicht. Aber im Mittelpunkt steht wohl immer das gemeinsame Feiern!

Was auch nicht vergessen werden darf, ist das Engagement bei Charity-Veranstaltungen. Gemäß einer Studie der FIVA von 2013 beteiligen sich sogar fast die Hälfte aller Clubs an derartigen Unternehmungen, womit sie einerseits Bedürftigen helfen und andererseits auch Teilnehmern, sowie Zuschauern Freude bereiten.

Ein wichtiger Aspekt der vielen Oldtimer-Clubs ist auch deren wirtschaftliche Bedeutung. Mehr als die Hälfte der Vereine organisiert Ausfahrten, Rallyes oder ähnliche Events, welche mitunter tausende Fahrzeuge und abertausende Begleiter sowie Zuschauer in Bewegung setzen.

Automobil-Werke & Retrodesign – oder: *Zurück in die Zukunft*

„Wir sehen einen Effekt: weg davon, dass klassische Autos früher nur für vornehmlich ältere, wohlhabende Herren ein Thema waren. Das Interesse an ihnen wird zu einem multigenerations-, multigeschlechts- und multinationalen Thema, wo ganz viele Menschen plötzlich die Liebe zu einem Automobil entdecken. Diese fahren teilweise Uber und U-Bahn, und dann haben sie daneben auch einen Klassiker. Und fahren damit zur Großmutter. Wir gewinnen damit eine ganze Reihe von Neubegeisterten. Das sind auch unsere Kunden, die wir begleiten wollen. Manchmal auch den ersten Schritt ermöglichen, sodass sie ohne extrem viel technisches Wissen einen einfachen Zugang in die Welt der Klassischen Autos finden."

Tim Hanning, Direktor Jaguar Land Rover Classic in perfektem Deutsch.

Und was macht Jaguar Land Rover Classic? Dort werden sechs originalgetreue Nachbauten des Jaguar E-Type Lightweight von kundigen Händen erzeugt – man verspricht: nur für die Rennstrecke oder für Sammlungen! Nun, Jaguar ist nicht der einzige Hersteller, der sich entschließt, Replikate von bestimmten Modellen zu bauen, Aston Martin z. B. sagt auch niemals nie und fertig genau 28 neue DB5. Vielleicht entscheidet man sich dazu, weil die Fahrzeuge eine besondere historische Bedeutung haben oder man zu bestimmten Einsätzen genau dieses Auto benötigt. Oder man sieht einfach ein gutes Geschäft mit den neuen Oldtimern.

WAS DIE AUTOWERKE ANBIETEN?

So gut wie alles für, und rund um die Oldtimer. Es gibt Kundenbindungsprogramme, Hilfestellungen, Kooperationen und Dienstleistungen aller Art. Die Autowerke haben nämlich erkannt, manche allerdings mit jahrzehntelangen Schrecksekunden, dass der Oldtimer ein wunderbares Mittel zur emotionalen Aufladung einer Marke ist. Und dass Oldtimer-Fans in der Regel auch einen modernen Wagen desselben Herstellers fahren. Und – dass es ein Riesengeschäft ist.

Ersatzteile. Nachdem der Teilemarkt Jahrzehnte lang kleineren und größeren Händlern außerhalb des Einflusses der Werke vorbehalten war und immer bedeutender wurde, beschlossen die Hersteller, alte Werkzeuge wieder zu beleben, längst vergessene Lagerbestände zu öffnen oder auch ihre ehemaligen Lieferanten zu beauftragen, nachgefragte Teile wieder herzustellen. Qualitativ oft um einiges besser als manches Aftermarket-Teil, stiegen jedoch die Preise bisweilen in Regionen, die viele Kunden erst recht wieder in den Zubehörmarkt drängen. Dennoch ist es fein, dass der Markt nun wieder lange nicht erhältliche Ersatzteile anbietet.

Literatur. Weil eine vernünftige Reparatur/Restauration kaum zu machen ist, wenn man nicht die entsprechenden Unterlagen hat, boomt auch dieser Bereich. Bisher hatten sich Suchende mit ebenso seltenen wie teuren Originalen abzufinden oder mit kopierten Nachdrucken zu behelfen. Daneben waren viele Unterlagen einfach nicht mehr erhältlich. Dazu kommt heute, dass zur Vollständigkeit des Oldtimers einfach eine Bedienungs-Anleitung gehört und der nagelneu glänzende Reparaturleitfaden am richtigen Platz aufgelegt, Besucher der eigenen Garage durchaus beeindrucken kann.

Werksrestauration. Mehr und mehr Hersteller bieten nicht nur kleinere und größere Überholungen an, man kann sie auch mit kompletten Restaurationen beauftragen. Für das Werk ist das wohl oft profitabler als ein Neuwagenverkauf. Sein Vorteil ist, dass der Hersteller auf deutlich bessere Archive zugreifen kann, meist die notwendigen Werkzeuge noch im Hause hat oder daneben ein Wissen abrufbar ist, wie es eine kleinere Restaurations-Werkstatt nicht zur Verfügung hat. So jedenfalls die Marketing-Theorie. Die Realität jedoch ist viel komplexer … Unternehmenskrisen und Übernahmen, Management-Wechsel und Spar-Diktate haben sehr viel altes Wissen aus den Werken in den Ruhestand vertrieben, sogar Archive entsorgt oder im besten Fall nur „outgesourct". Zu Beginn der 1990er-Jahre ging es nämlich selbst

Macht hoch die Tür - die Tor macht weit. Knapp 60 Jahre liegen zwischen den beiden Flügeltürern.

bei später wieder erfolgsverwöhnten Marken wie Ferrari oder Porsche rau zu. Als Ferrari beispielsweise 2006 schließlich seine „Classiche“-Abteilung aufbaute, kamen Altteile und Archivunterlagen durch die Übernahme langjähriger selbständiger Importeure in Belgien (Garage Francorchamps) und England (Maranello Concessionaires) nach 40, 50 Jahren wieder nach Maranello zurück.

Stützpunkthändler. Seit das Marktpotential der alten Schätze richtig eingeordnet wird, kommen manche Autohersteller drauf, sogar in den Handel mit diesen Autos einzusteigen. Ganz offen wird auf den entsprechenden Internetseiten der Werke auch dafür geworben, freilich wird dieses Geschäft dann aber von entsprechenden Niederlassungen durchgeführt. Dort widmet man sich – meist neben den Neuwagen – dann auch dem An- und Verkauf von Oldtimern der eigenen Marke.

Zertifikate. Zunehmend wichtiger wird es für Oldtimer-Besitzer, vor allem aber für Händler, so etwas wie eine „Geburtsurkunde“ des Autos zu haben. Sie wird vom Werk ausgestellt und enthält alle wichtigen technischen Daten bei Auslieferung. Auch gibt sie Auskunft, zu welchem Händler in welchem Land das Automobil mit dieser Seriennummer kam, in welchen Farben und in welcher Ausstattung. Ohne diese Unterlagen kann eine Restauration sehr schwierig werden, denn im Laufe der Zeit haben manche Wagen gewisse „Transformationen“ hinter sich: Coupés wurden Cabrios, Lastwagen wurden Sportflitzer etc.

Ausstellungen. Oft stellen große Hersteller auf internationalen Klassik-Messen selbst aus. Die Stände erinnern manchmal an die Frankfurter IAA oder den Genfer Salon. Damit werden sie zum Treffpunkt vieler Interessenten. und zunehmend wird diese Plattform von den Werken auch genutzt, um neue Modelle zu präsentieren.

Fahrtraining und Vermietung. Die Autohersteller besitzen oft einen großen Pool an Oldtimern, den sie für vermarktungsdienliche Zwecke einsetzen. Einer davon ist die Vermietung für Hochzeiten, Reisen, Events und dergleichen. Daneben kann man, sei es mit dem eigenen Schatz oder auch mit einem Beigestellten, die Tricks und Kniffe des Fahrens mit der Vergangenheit lernen, indem man oder frau an einem Fahrtraining teilnimmt.

Sponsoring. Weil Veranstaltungen allgemein eine Menge Geld kosten, sie auf der anderen Seite aber oft Zugang zu ganz besonderen Zielgruppen bieten, sind seit einiger Zeit manche großen Werke dazu übergegangen, intensives Sponsoring zu betreiben. Mit ihrer Unterstützung sichern sie sich Einflussmöglichkeit der Gestaltung, und Plattformen für ihr Marketing.

Museen. Kaum noch ein Autohersteller, der nicht ein Museum betreibt. Sie werden immer größer, umfangreicher und imposanter. Oft wurden sie von international renommierten Architekten entworfen. Als Zusatzangebot gibt es in diesen Häusern manchmal auch Vorführungen, Schulungen oder Veranstaltungen aller Art, für die allein der Rahmen schon eine würdige Kulisse darstellt.

Manche Hersteller tun es schon seit Jahrzehnten, manche erst seit Kurzem. Aber tun, tun es heute fast alle. Nämlich als Hechte im Karpfenteich der Oldtimerei zu schwimmen. Zu groß ist das Potenzial, als dass man es aus ihrer Sicht ungenützt lassen würde – meist aber auch zum echten Vorteil der Kunden. Ohne die Werksunterstützung wäre vieles mit und rund um die alten Autos einfach nicht mehr möglich. Danke.

Supersize me! Groß und schwer sind sie geworden, die Neuauflagen der Klassiker, aber auch herzerwärmend. Von links oben im Uhrzeigersinn: Renault 4CV, Ford GT, Fiat-Abarth 500, Mini-Cooper

DAS GIBT ES SCHON LANGE: RETRODESIGN

„Perfect Past – mehr Vergangenheit war nie. Immer häufiger wird die Vergangenheit idealisiert und neu inszeniert. Was man einst nicht mehr

www.renault-classics.ch
elf
elf

MACA-LOCA.COM
FIAT
ABARTH

sehen konnte, findet heute in überarbeiteter Form wieder reißenden Absatz".

Designer Lars Contzen

"Old memories always evoke a sense of nostalgia and melancholy. Technology has a very revolving effect on our life and things have changed dramatically, yet vintage and retro designs can be very inspirational ..."

www.noupe.com

„Formgestaltung, die bewusst auf Gestaltungselemente früherer Stilrichtungen zurückgreift".

Duden

Retrodesign ist keine Erfindung der Neuzeit. Auch wenn heute besonders viele Varianten davon ersichtlich sind – es wird schon seit Jahrhunderten betrieben. Beispielsweise als Baustil der Klassizismus. Diese Epoche nach dem Barock orientierte sich am griechischen Tempelbau. Oder die Neogotik, bei der man sich an die Formensprache des Mittelalters anlehnte. Abseits der Architektur begann um 1880 in England eine Bewegung, die sich „Arts & Crafts Movement" nannte und rasch auch nach Amerika und Japan ausstrahlte. Inspiriert war sie von John Ruskin und William Morgan, und sie hatte das Ziel, dass man sich wieder auf das traditionelle Handwerk besinnen möge; zurück zu einem einfacheren Leben, verbunden mit der Verbesserung des Designs alltäglicher Gegenstände.

Heute findet man Retro-Design in fast allen Lebensbereichen: Mode, Musik und Kunst, bei Küchengeräten und Möbeln, bei Kameras, Uhren und so weiter. Natürlich auch bei Autos.

Mit Retro-Autos so richtig los ging es 1989 mit dem (in Europa nicht angebotenen) Nissan Figaro, der aussah wie ein Blechspielzeugauto aus den 1950er-Jahren. Bald darauf folgte von Mazda der MX-5, inspiriert vom Lotus Elan der lauten 1960er-Jahre. Auch die Amerikaner versuchten sich in diesem Metier, mit Dodge Viper, Chrysler PT Cruiser und Plymouth Prowler, allerdings allesamt nicht sehr erfolgreich. VW überraschte 1993 mit dem New Beetle, der die nüchterne Marke mit schönen alten Emotionen erwärmte. Zu wirklichen Riesenerfolgen dieser Welle wurden neben dem Mazda MX-5 aber zweifellos der Mini von BMW und der Fiat 500. Nicht vergessen sollte man den Mitsuoka Viewt, weil er eine fast schon putzige Persiflage auf das Retrodesign darstellt.

Fotograf René Staud, der von Berufs wegen viel mit bildlicher Darstellung von alten und neuen Autos zu tun hat: *„Der Oldtimer ist das Original und das Retrodesign ist die neuzeitliche Kopie. Aber bevor man ein schlechtes Design hat, dann lieber doch ein Retrodesign."*

Retro ist in, und das nicht nur bei Autos. Dahinter steckt vielleicht das Gefühl, dass früher alles schöner war. Einfacher war es allemal.

Damals wurden aus Straßenautos - Rennwagen. Heute ist es umgekehrt. Alpine A 110 und Abarth 124 Spider einst und jetzt.

SPECIAL 3

Oldtimer und deren Modellautos – oder: *Die Blechtrommel*

„Ich habe mit jedem dieser kleinen Autos eine ganz besondere Verbindung. Ich weiß genau, welches ich von der Oma geschenkt bekam. Ich weiß es noch wie heute, es war der erste Kaufhausbesuch, wo ich das erste Mal überhaupt Rolltreppe gefahren bin, da habe ich von ihr einen Land Rover Safari bekommen. Ein anderes Auto habe ich von meiner Oma auch noch bekommen, einen Mercedes … Beide gehören zu meinem Leben. Und ich habe heute noch Freude an diesen Autos“. Schön, wie sich ein ausgewachsener Mann namens Andreas Langheim/RTL Nachtjournal noch freuen kann.

Herr Langheim ist nur einer von Hunderttausenden, die sich diesem Hobby widmen, denn Modellautos sind erschwinglich, wenngleich manche Exemplare auch mehrere hundert Euro kosten können. Aber: die wirklich teuren Stücke, die kosten Millionen! Sie sind sogar deutlich teurer als jene Autos, denen sie nachempfunden sind. Robert Gülpen, ein ehemaliger Daimler-Benz-Ingenieur, machte sich zur Jahrtausendwende selbstständig und entwickelt und produziert Automodelle aus Edelmetallen, deren Preis in gerade noch einstelligen Millionenbeträgen (Euro!) gerechnet wird.

Das ist natürlich nicht die Welt der „Durchschnittssammler“. Die Welt der kleinen Modellautos ist noch viel fragmentierter als jene der großen Echtautos; es gibt sie in verschiedenen Qualitäten und in vielen Maßstäben. Alle haben ihre Vorzüge und Sammler. Es gibt sie als reines Standmodell oder auch als Funktionsmodell; diese Gruppen teilen sich in Fertigmodelle und solche, die man selbst zusammenbauen darf – so man das wirklich kann. Nicht zu vergessen Modelle mit funktionstüchtiger Mechanik … Ende nie.

Kein Auto auf der Welt, von dem es nicht zumindest ein Modell gibt; oder gab, sodass es antiquarisch zu finden sein könnte. Aus Vorbesitz aber wie neu sind manch alte Spielzeugautos einst gängiger Marken aus England, Frankreich, Dänemark oder Italien wie Matchbox, Corgi, Husky, Dinky, Solido, Majorette, Tekno, Penny, Mercury, Mebetoys oder Politoys … im Sammlerzustand „mint and boxed“ – also unbespielt und in der Originalschachtel. So etwas stammt üblicherweise aus dem Nachlass eines (pleite gegangenen) Spielzeughändlers und ist entsprechend teuer. Oder – zunehmend auch hier – aus einer Fälscherwerkstatt. Der Hersteller Mattel drängte viele dieser Europäer aus dem Geschäft; er wird deshalb von Kennern oft verachtet, auch wegen der Billigqualität seiner unter Ferrari-Lizenz in chinesischen Firmen produzierten Modellautos.

Bburago (sic) aus dem Mailänder Vorort Burago ist eine Szene für sich. Qualitativ näher an Mattel als andere Europäer, aber auch erschwinglicher als diese. Modellautos von klassischen Alfa Romeo, Bugatti, Jaguar, Mercedes-Benz brachte Bburago bereits in den 1970er-Jahren. Legendär die großen Ferrari in 1:18 an jeder Autobahn-Tankstelle.

Auch alte Spielzeugautos mit Gebrauchsspuren haben ihre Liebhaber. Weil man sie vor Jahrzehnten selbst besaß und vielleicht bei einem „Verkehrsunfall“ in der Sandkiste verlor. Weil man sich eben dieses Modell in eben dieser Farbe so sehnlichst wünschte, aber nie geschenkt bekam und es sich vom Taschengeld nie leisten konnte. Oder weil man ein anderes Spielzeugauto geschenkt bekam, dafür auch noch dankbar sein musste, obwohl man dieses gar nicht haben wollte, sondern jenes, das heute im Netz der Netze hängt oder auf einer Oldtimer-Messe in der Vitrine eines Händlers steht. Zu einem unverschämten Preis.

Wer heute ein unbenutzt erhaltenes Spielzeugauto aus den 1950er-, 1960er- oder 1970er-Jahren in Händen hält, könnte nach Abklingen der ersten Euphorie allerdings herb ernüchtert sein … von der oft groben Gussqualität und Detail(un)treue seines alten Spielzeug-Traumautos. Jedes Neumodell dieses Autotyps um 49,90 Euro, „Made in China“ ist feiner detailliert und dem Original klar ersichtlich näher. Aber halt kein altes Spielzeugauto mit allen Emotionen, die daran hängen.

Modellauto-Baukästen von Klassikern in großen Maßstäben setzen eine gewisse Fingerfertigkeit voraus. Die höhere Schule stellen

Die erfreulichsten Autos der Welt: kein Abgas, keine Strafzettel, und soo viel Parkplatz. Die wunderbare Sammlung Kraushaar in Brugg/Aargau/Schweiz

Mini-Golf – mal anders ...

▶ Renault 16 TX von 1977 und sein „Sohn".

alte Plastik-Baukästen aus den 1960er- und 1970er-Jahren dar, etwa jene der japanischen Kultmarke Tamiya oder von Pocher aus Italien. Anspruchsvoller zu bauen sind Kleinserien rarer Vorbilder in 1:43 aus Resin-Kunststoff – auch hier wird mit Luftpinsel von Hand lackiert.

Bei Kleinstserienherstellern gibt es sogar Modellautos von Sonderkarossen, die niemals auf einem Autosalon der Öffentlichkeit gezeigt wurden. Etwa Entwicklungs-Prototypen („Erlkönige" genannt) von Lamborghini Urraco und Diablo oder viertürige Ferrari 456 GT als Limousinen und Kombis, in 1:1 gebaut in weniger als zehn Exemplaren geheim bei Pininfarina und Coggiola für die Sultansfamilie von Brunei. Kann man sich in 1:43 oder viel größer ins Regal parken, in Rot oder Gelb, auch in Schwarz oder Silber.

Was alle eint sind die Liebe und Faszination, die ihre Bauer oder Sammler zusammenschweißt. Meist gibt es eine Wechselwirkung zwischen dem Modell, das einer hat, und dem Original. Nicht selten hat sich nach langen Klebeorgien eines Eleven – stets auf der Flucht vor Mutters Besen und Staubsauger – eine Liebe zum lebensechten Oldtimer entwickelt. Die dann, sobald Job samt Familie dies erlaubten, endlich ausgelebt werden konnte. Mitunter dann eben auf der Flucht vor Ehefrau und kleinen Kindern, die so gar kein Verständnis aufbringen für Fragmente von zerlegten und rostigen Bremszangen in der Küche ... weil wo anders gehts ja nicht!

Es gibt eine Heerschar von Modellautoherstellern, viele in Deutschland, die aber in China von emsigen Handarbeiterinnen produzieren lassen. Mehr und mehr Anbieter aus dem Drachenland drängen auf den Markt. Die Modelle werden aufwendiger, besser, schöner. Es gibt Kopien, die sogar schöner sind als das Original! Vom Modellauto nämlich. Viele haben bis zu tausend Einzelteile und Detailtreue wird immer wichtiger. Funktionsmodelle haben manchmal Elektro- oder Benzinmotoren. Es gibt sogar bereits mit Wasserstoff betriebene Modellautos! Das Tunen oder „Supern" von Modellautos ist wiederum eine Szene für sich.

Die Hersteller der großen Originale, also etwa Ferrari, Porsche oder Mercedes nutzen diese Spiel(zeug)wiese längst ganz gezielt als Marketingplattform für ihre Typen von vorgestern bis heute.

Es gibt Modellautomuseen, Clubs sonder Zahl und auch Auktionen, die sich nur noch damit beschäftigen. Also eine Welt wie bei den großen Oldtimer, nur dass hier viel mehr Menschen mitspielen. Vornehmlich Männer allerdings.

Einer, der sein Hobby zur Leidenschaft erhob, zur Kunst und auch zum Geschäftszweck, ist Dirk Patschkowski. Fotograf und Modellbauer, schlussendlich „Destaurierer" (nein, nein – ist schon richtig geschrieben). Was ihn so besonders macht, ist seine Arbeit: Dirk erschafft nicht nur Modelle, er erzeugt dazu die Welt drum herum, im Miniaturformat. Und damit alles so aussieht, wie es in Wirklichkeit aussehen würde, altern seine Modelle – ganz rasch und künstlich. Dank Chemie, Sandstrahler, Schleifpapier oder was sonst noch alles helfen kann, 80 Jahre in ein paar Tagen zu erleben. Auch ihre Umgebung, die da sein kann eine Werkstatt, eine Garage oder eine ganze Szene, was immer der Kunde sich halt vorstellt. Und dann, ja dann macht er ebenfalls seine Derestaurierungen, an den Großen – was ein besonderes Schmankerl für das Kapitel „Oldtimer und Patina" ist.

Kein Automodell, von dem es kein Modellauto gäbe ... Der riesige Vorteil der Kleinen: Null Benzinverbrauch. Null Versicherungsprämien. Null Kraftfahrzeugsteuern. Keine Garagierungskosten – Vitrinen sind aber sinnvoll. Bevor man sich eines zulegt, sollte man sich sehr genau umschauen auf dem großen Markt der kleinen Autos. Selbstbauer sollten rechtzeitig mit diesem Hobby anfangen – im höheren Alter damit zu beginnen, dürfte wegen der schwindenden Sehkraft schwierig werden. Den Modellautopreisen sind kaum Grenzen gesetzt: von 29,90 bis 2.990 Euro ist alles möglich, aber auch darüber hinaus. Selbst Millionenbeträge.

DELAHAYE
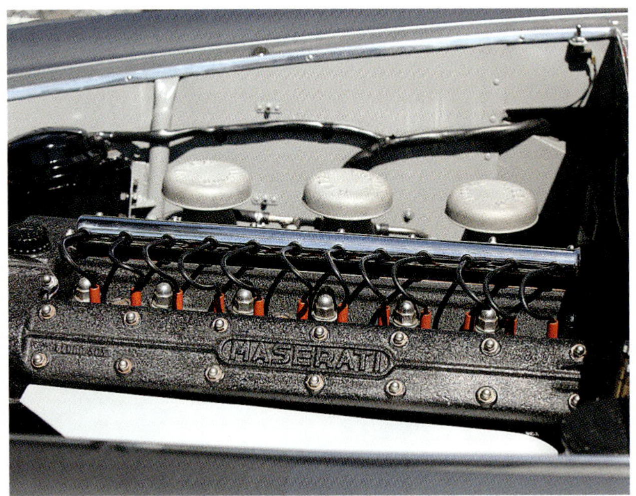
MASERATI

Alfa Romeo

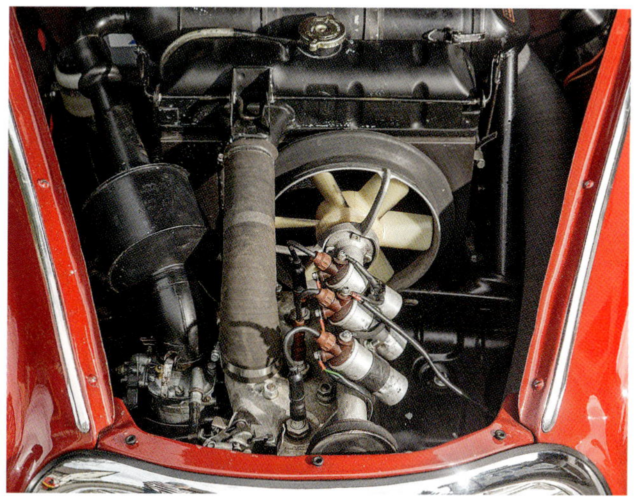

Ettore Bugatti

ABARTH
ABARTH

1

3 Den Richtigen lieben: Von Fälschungen, Replikas und anderen Zweifelsfällen

Oldtimer und Original – oder: *Ich weiß, dass ich nichts weiß*

ALSO WAS IST NUN EIN ORIGINAL?

Evert Louwmann, Museumsbesitzer: "*Built by the factory and not changed. Same color, same engine, same frame, and the car should have a passion for the public. It could be a mass production, but could also be a very rare type.*"

Martin Schröder, Autoliteraturhändler und Autogeschichtsforscher, 2014 auf zwischengas.com: „*Letztlich ist der Rahmen, das Chassis oder bei modernen Rennfahrzeugen das Monocoque identitätsstiftend.*"

Franz Steinbacher, Kommerzialrat, Gutachter und Sammler: „*Ganz einfach: wenn man original draufschreibt, muss der Wagen zumindest zu 90 Prozent original sein. Zehn Prozent würde ich immer zugestehen, was sich für Reparaturen, Ergänzungen und so weiter ergibt, wie bei Häusern, die ja auch in hundert oder mehr Jahren umgebaut wurden.*" Wenn aber die Alukarosserie oder der Rahmen zu mehr als 50 Prozent von Korrosion zerstört wurde? „*Dann muss man das darstellen. Am besten in einer Expertise von einem Gutachter oder Sachverständigen. Darstellen, was wie ersetzt wurde*" – und ich darf dazu ergänzen: die ersetzten Teile behalten und beim Fahrzeug lassen. Nie vernichten!

Schröder, an anderer Stelle etwas pragmatischer: „*Chassis, Motor, Getriebe, Karosserie oder andere Teile? Das Ideal ist natürlich ein Fahrzeug, das sich im Auslieferungszustand befindet, sprich: bei dem alle Teile die originalen sind, was naturgemäß nur äußerst selten vorkommt. Der Motor eines Fahrzeugs kann im Lauf der Jahre gewechselt worden sein, akzeptabel ist hier der ursprüngliche Motortyp. Ein Porsche 356 A mit 1600er-Motor von 60 PS, genannt ‚Dame', sollte auch heute noch einen solchen aufweisen*".

… Was gerade bei Sportwagen nur selten der Fall ist, weil beim Überholen oder Restaurieren vom Besitzer nur allzu gern eine stärkere Variante gewünscht wird und der Restaurator solch einen Wunsch kaum verweigern kann. Viele Alfa Romeo Giulia/GT/Spider 1300 fahren heute als 1600 oder gar als 2000 herum und ihre Besitzer glauben ganz fest daran, dies sei besser. Bei Maserati gingen über die Jahre nach und nach viele der besonders harmonischen 4,2-Liter-V8 verloren, weil beim Überholen mit neuen Kolben oft auf 4,7 Liter aufgebohrt wurde, was sich manchen Leuten auch gut verkaufen lässt. Verheerende Folgen zeitigt auch der „hysterische" Motorsport: es scheint heute nur noch NSU TTS zu geben und keine Prinzen, weit mehr Lotus Cortina als Ford Cortina, ebenso ausschließlich Mini Cooper S und keine Mini 1000 oder gar 850. Die „Versportung der Gesellschaft" (Matthias Horx) führte hier zu einer ethnischen Säuberung von den einstigen

Manchmal hilft der Blick hinter die Kulissen, manchmal will man's aber gar nicht so genau wissen. Gefunden auf der Rétromobile Paris/Frankreich

Maximal Original. Austin Princess (links) und Austin Allegro von British Leyland im Auslieferungsuustand. Erste Reifen, alle originalen Kleber, Spaltmasse wie sie der Hersteller damals für gut befand usw. Nur wollte die beiden halt keiner. Heute rarer als die rote Mauritius.

Massen-Modellen zugunsten der ehdem raren Sportversionen.

Dieter Hatlapa, Autor: "*I remain convinced that an original frame is essential to determine the identity of a car. All other parts – body, engine, transmission, drive shafts, suspension, etc. – are exchangeable. In fact, these have often been exchanged ‚in period', especially in the case of racing cars.*"

Der österreichische Gesetzgeber: „*Die Hauptbaugruppen der Fahrzeuge müssen im Originalzustand erhalten sein. Als Hauptbaugruppen gelten: – Motor- und Gemischbildungseinrichtung – Kraftübertragung – Radaufhängungen – Lenkanlage/ Lenkgabel bei Motorrädern – Aufbauten*".

Zusammengefasst die Meinung der Fachleute: Original ist, wenn der Zustand sich genauso darstellt, wie der Wagen dazumal die Fabrik verlassen hat, abzüglich normaler Abnutzung natürlich. Dies gilt für Rahmen, Motor, Getriebe, Farbe, Innenausstattung etc.

Da dies fast nie der Fall ist, sind Abweichungen davon in gewissem Maße zulässig, ohne das Prädikat „original" zu verlieren. Nachzuweisen ist jedoch, dass folgende Bereiche die SELBEN und nicht bloß die GLEICHEN sind; wie bei der Auslieferung: der Rahmen bzw. das Chassis oder Monocoque und die Karosse. Nachrangig sind: Motor, Getriebe, Türen-Hauben-Deckel, Achsen etc.

SPIELT DIE ORIGINALITÄT BEI DER PREISFINDUNG EINE ROLLE?

Simon Kidston, Auktionator, über den Wertunterschied vom Original zum Nicht-so-ganz-Original: "*Originality rings the loudest bell of all. A car can have every attribute imaginable, racing history, beauty, power, but if it does not have originality, it is next to worthless. There is no point in showing somebody a motorcar, and telling that it won Le Mans in 1955, that it is a rare car, which only six or seven were made; that it can do a 180 miles per hour, if for an actual fact no component of the car that is on it today ever went within sight of the Le Mans circuit, because the car has been extensively rebuilt. So the Holy Grail of Collector's Cars, the magical ingredient that gives value, is originality. It is a word that is over-used and abused in the classic car world. And it is the key quality that everybody is looking for, but is frequently missing. People often confuse originality with neglect. Just a car has been left in a barn for 50 years, or outdoors in the elements – that does not mean it automatically is original. People need to make that distinction.*"

120
140
160
FUEL
km/h

BRITISH LEYLAND
Offizielle
BRITISH LEYLAND-Vertretungen
und Service-Stellen
in der Schweiz
BRITISH
LEYLAND
Agences officielles
BRITISH LEYLAND
PASSPORT
Name
Austin
Allegro
1100
1300
Ablieferungsmeldung/Avis de livraison
Emil Frey AG
MULTI
GARANTIE
3 JAHRE ANS ANNI

Oldtimer und Patina – oder: Goldrausch

Patina und Authentizität gehen Hand in Hand. Geht es bei der Originalität darum, dass möglichst wenig vom Auslieferungszustand abweicht, so ist die Authentizität ein *belegbarer Zustand im Ablauf der Zeit.* Beispiel: Ein Rennwagen wird mit einem bestimmten Motor ausgeliefert. Im Laufe seines Lebens bekommt der Wagen aber immer wieder andere Motoren, vielleicht sogar mit geänderter Kubatur oder Leistung. Somit verliert er wohl an Originalität – aber authentisch ist er allemal.

Dass ein Wagen heute in dem Zustand ist, wohin ihn sein Leben führte, meint noch nicht, dass dieser vielleicht stark vernachlässigte, dennoch authentische Zustand erstrebenswert wäre. Dazu der Restaurator Klaus Kienle in Auto Bild Klassik: *„Es ergibt keinen Sinn, Spuren von mangelnder Pflege, Unfallschäden, Materialermüdung oder technischen Verschleiß zu konservieren“.*

Ist ein Automobil im positiven Sinn authentisch, also *„in einem Zustand mit unvermeidlichen Abnutzungsspuren bei optimaler Pflege und voller Funktionstüchtigkeit“* (Dirk Johae, Motor Klassik) so erhält es auch eine, seine Patina.

Patina, laut Wikipedia eine *„durch natürliche oder künstliche Alterung entstandene Oberfläche“*, ist das unvermeidliche Resultat von Alterung. Und im heutigen Verständnis der Bewertung von klassischen Automobilen keineswegs etwas Abwertendes, ganz im Gegenteil. Weltweites Aufsehen erregten zwei 2014 in Arizona versteigerte Mercedes 300 SL, einer hervorragend von der renommierten Firma Kienle restauriert, der andere in eher bedauernswertem Zustand. „Unverbastelt“ in Würde gealtert, würde man heute dazu sagen – vielleicht erst seit dieser Auktion. Der restaurierte Flügeltürer erzielte rund eine halbe Million Dollar weniger als jener im Original-Zustand!

Als weiteres Beispiel für diesen Trend sei die Sammlung Baillon genannt, deren Jahrzehnte lang vor sich hin rottende Ferrari, Maserati, Talbot, Delahaye Anfang 2015 in Paris zu abenteuerlichen Preisen versteigert wurden.

Der Trend geht also zum Konservieren und Belassen statt zum Komplettrestaurieren. Meiner Meinung nach hat beides seine Berechtigung. Nicht nur, dass viele Zustände ein Konservieren nicht mehr möglich machen. Auch ist es das Recht des Besitzers, den Zustand – nach Bearbeitung seines Automobils – bestimmen zu dürfen. Wäre das nicht der Fall, würden früher oder später alle Autos, die keine Patina im obigen Sinn aufweisen, von der Bildfläche verschwinden.

GIBT ES SO ETWAS WIE FALSCHE PATINA?

Mehr und mehr. Seit der Wert von Fahrzeugen durch „Patina“ womöglich gesteigert wird, ist das künstliche Patinieren ein Geschäft geworden. So werden unter Umständen hochwertig restaurierte Wagen einem schnellen Alterungsprozess unterworfen. Eine entsprechende Dokumentation und Offenlegung beim Verkauf vorausgesetzt, auch rechtlich meiner Meinung nach nichts Verwerfliches; für den einen oder anderen Besitzer ein akzeptables Wunschprogramm.

Völlig anders sieht die Sache aus, wenn etwa in Argentinien Nachbauten alter Bugatti oder Alfa Romeo oder Mercedes SSK entstehen, die so gut gemacht sind, dass auch viele Kundige sie ohne

> Der Begriff Originalität ist ein gerade in der Kunst vielfach definierter, aber auch hier wird er nie allen Fällen gerecht. Leichter kann gesagt werden, was alles nicht original ist.

Noch mehr zur britischen Rarität: Die Prinzessin mit Überführungs-Kilometern (57,4 !) und allen dazugehörigen Dokumenten. Der Traum eines jeden Sammlers. Ach wär's doch nur ein Jaguar ...

Früher hätte man einen Bugatti 59 (1934) mit Patina immer für echt gehalten. Heute kann man sich nicht mehr so sicher sein.

eingehende Untersuchung nicht von einem Original unterscheiden können. Diese Neo-Oldtimer erhalten ein umgekehrtes Botox-Verfahren, damit vermeintliche Alterungs- und sogar Kampfspuren vergangener Rennen vorgetäuscht werden.

WAS SAGEN GESETZ UND VERSICHERUNG ZUR PATINA?

Bei Behörden ist das nicht so klar, liegt es doch manchmal im Ermessen der Beamten. In Deutschland etwa heißt es in den Bedingungen einer Zulassung mittels H-Kennzeichen, dass „… *nur leichte, für kraftfahrzeug-technisches Kulturgut angemessene Gebrauchsspuren vorliegen können …*" – aber genauer sind diese nicht definiert. Und somit dem Prüfer überlassen. In der Schweiz, Kanton Zürich, liest sich das so: „… *die Fahrzeuge müssen optisch und technisch in einwandfreiem Zustand sein, wobei Gebrauchsspuren, die auch bei sorgfältiger Pflege entstehen, akzeptiert werden …*" – deutlich freier interpretiert, also Patina inklusive.

In Österreich spielt Patina bei der Zulassung keine Rolle, da hier Fahrzeuge im Zustand „3" akzeptiert werden. Das liest sich so: „*Guter Allgemeinzustand, eventuell ältere Restaurierung. Unbedeutende Mängel, voll fahrbereit. Keine nennenswerten Rostschäden. Für eine unmittelbare Zulassung bereit.*"

Problematisch daran ist, dass die international übliche Wertskala für Oldtimer einen „Patina-Zustand" nicht vorsieht. In Deutschland, Österreich und auch der Schweiz werden meist ähnliche Skalen verwendet. Frei dargestellt: Die Stufe eins bescheinigt einen exzellenten Originalzustand und Stufe zwei einen sehr guten Originalzustand oder eine fachgerechte Restauration. Die Stufe drei einen guten Allgemeinzustand und ist damit meist die Grenze eines bei uns zum Verkehr zulassbaren Wagens. Die Stufe vier meint reparaturbedürftig und bedingt fahrbereit, und die Stufe fünf ist ein unrestaurierter, mangelhafter Zustand, jedoch kein Schrott!

Demnach könnte ein Wagen mit Patina durchaus in die Stufe drei passen, sein Marktwert aber möglicherweise durchaus der Stufe eins entsprechen oder sogar darüber. In den USA kommen hauptsächlich zwei „rating systems" vor: Eines geht von eins bis sechs und das andere ist ein 100-Punkte-System. Aber auch hier ist eine

▶ Sicher keine falsche Patina! Aber sind das Fluchtspuren aus Sizilien? Nüchterne Zeitgenossen meinen hingegen, es seien nur die Befestigungslöcher für die Schriftzüge. Aber immer nüchtern ist auch keine Hetz.

Alfa Rome

Alte Knöpfe und Beschläge sind rar, und kaum zu fälschen. Nur zerbröseln dürfen sie nicht.

▶▲ Dieser Käfer darf vermutlich bald wieder krabbeln. Aber viel Arbeit steht schon noch an.

▶▶ Eine rote Schönheit, die offensichtlich das Leben voll auszuschöpfen gewohnt ist.

besondere Einstufung für „Patina-Autos" nicht vorgesehen.

Viele Versicherer schufen inzwischen eine eigene Klasse. Hier als Beispiel die Definition von OCC: *„Unrestaurierte Original-Fahrzeuge lassen sich nicht in eine der zuvor aufgeführten Kategorien einordnen. Zwar entspricht ein heute gefundener, unberührter aber noch gebrauchstüchtiger Klassiker beispielsweise des Baujahres 1955 bei einer ernsthaften Begutachtung bestenfalls dem Zustand drei oder vier – gleichwohl setzt sich auch hierzulande unter Enthusiasten mehr und mehr die Überzeugung durch, dass gerade solchen Zeitzeugen ein weit höherer Wert beizumessen ist, der sonst eher im zweier-Bereich anzusiedeln wäre. Insbesondere bei Rennfahrzeugen mit signifikanter Geschichte geben Enthusiasten mit Kennerschaft möglichst unberührten, mit Patina gesegneten Exemplaren den Vorzug vor restaurierten (dabei eben vielfach rundum erneuerten = duplizierten) Exemplaren – und die höhere Dotierung."*

BOSCH

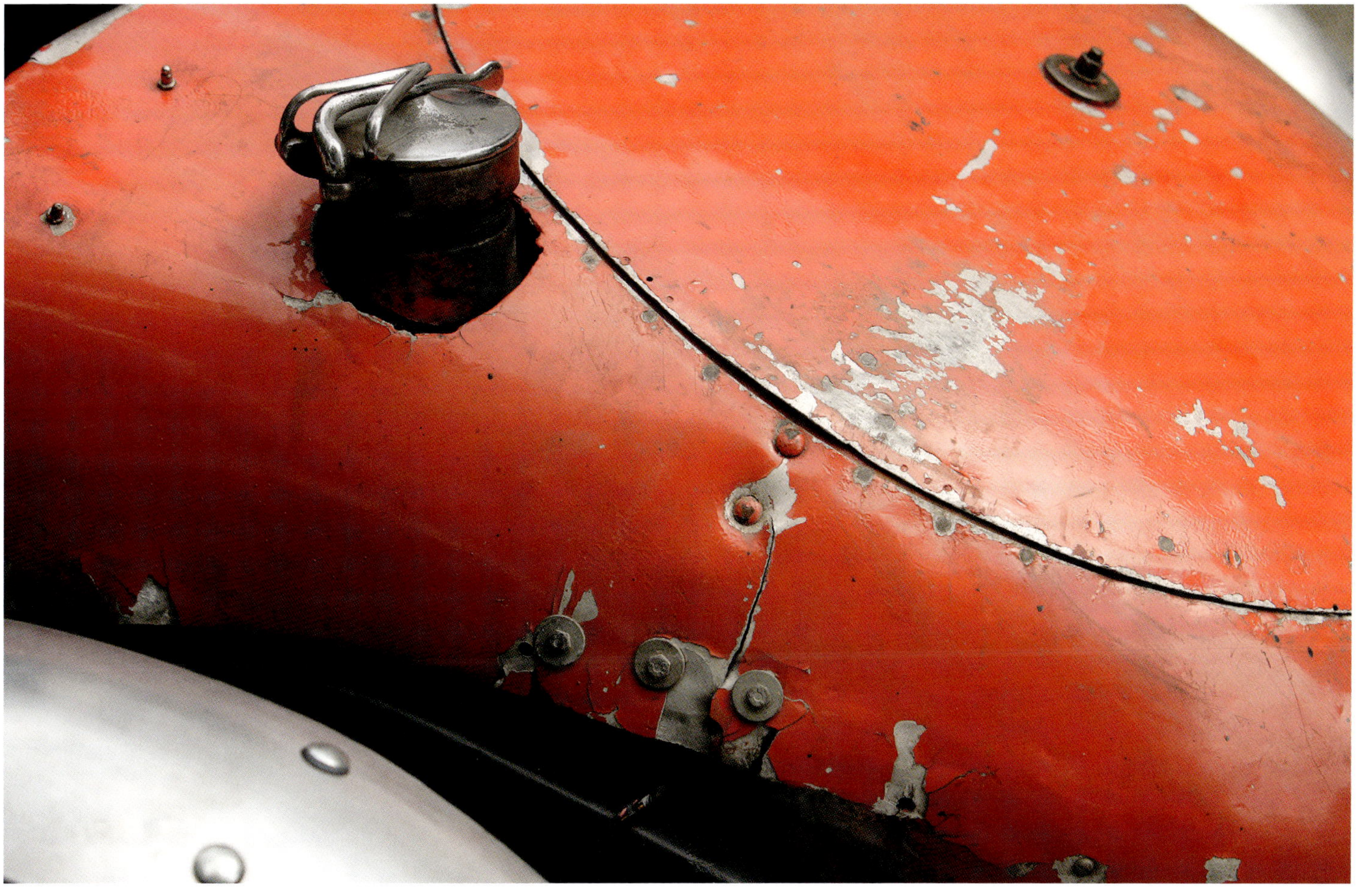

Patina ist seit der Jahrtausendwende ein bei historischen Fahrzeugen besonders erstrebenswerter Zustand, seine Abgrenzung jedoch diffizil. Wichtig bleibt: Es muss daneben weiterhin Platz geben für alle (guten bis hervorragenden) Restaurationszustände. Sonst verschwinden diese Autos von der Bildfläche.

Patina ist nicht zwangsläufig eine Frage des Alters, sondern des Lebenslaufes. Aber jede Delle könnte Geschichten erzählen. Und mitunter wäre es sicher extrem spannend, zu wissen: Wer besaß das Auto? Wo war es gelagert? War es bereits auf dem Weg zum Schrottplatz? Oder ging es dem Auto so wie den oben abgebildeten? Sie befanden sich auf dem Autofriedhof Gürbetal in der Schweizer Gemeinde Kaufdorf. Dort lagerte Walter Messerli all jene Fahrzeuge (Autos und Motorräder), bei denen er zuvor viele brauchbare Teile entnommen hatte, um mit diesen zu handeln. Da dieses Lager nicht betreten werden konnte, wurden die teils seltenen „Ruinen" nicht vandalisiert oder weiter beschädigt und blieben dem natürlichen Zerfall überlassen. 2008 dann kam es aufgrund einer Initiative des Künstler Heinrich Gartentor zu einer als Kunstaktion bezeichneten Erschließung des Geländes unter anderem durch Holzstege, die vielen Autofreunden erlaubten, diese Oldtimerschätze zu besichtigen. 2010 konnte Messerli der unter anderem aus Umweltschutzgründen längst angeordneten Räumung des Geländes nicht mehr länger widerstehen. Rund 800 Autos wurden innerhalb von zwei Tagen versteigert. Das Gelände selbst harrt der angeordneten Sanierung.

▲ All zu viel Patina ist auch ungesund.

▶ Früher oder später holt sich die Natur alle zurück - und dieser ist es egal, ob original oder gefälscht, ob mit oder ohne Papiere. Autofriedhof Messerli/Kaufdorf/Schweiz

Selbst Fachleute sind heute mitunter überfordert, wenn sie feststellen sollen, ob ein wertvoller, alt aussehender Wagen original ist – oder „patiniert" oder gar ein Nachbau. Geklärt werden kann das oft nur mittels kriminalpolizeilicher Vorgangsweise, Historie und Materialprüfungen. Manchmal ist das für den Eigner leider peinlich. Der Vorgang oder auch das Resultat.

Oldtimer-Restauration – oder: *Der Pfad der Erkenntnis*

„Vor Jahren kam ein Herr in meine Werkstatt und beauftragte eine Vollrestauration seines Jaguars MK II. Wohl eine der schönsten viertürigen Limousinen, die je gebaut wurden. Es ist schon erstaunlich, dass ein Jaguar S-Type, der ja aus dem MK II abgeleitet und eigentlich nur hinten ein paar Zentimeter länger wurde, so viel weniger gut aussah als sein kürzerer Bruder. Was es doch ausmacht, wenn tolle Maße nur ein klein wenig verändert werden!

Nun, der Eigner des Jaguars wollte seiner Frau partout nicht sagen, was er gewillt war zu investieren, eine ganze Menge nämlich; so um die 50.000 Euro. Von mir erbat er Stillschweigen.

Nach rund 20 Monaten Arbeit, es dauerte natürlich etwas länger als vereinbart, kam besagter Herr, um den inzwischen rundum erneuerten MK II abzuholen. Mit dabei die Frau Gemahlin. Es war erkennbar, dass der Mann seine bessere Hälfte lieber zu Hause gelassen hätte, und er gab mir Zeichen, dass ich mich noch an unsere Vereinbarung erinnern möge. Meine Assistentin wurde gebeten, sich um die Dame zu kümmern, während der Kunde und ich uns der Übergabe sowie der Abrechnung widmeten.

Alle schienen zufrieden. Vor der Abfahrt kam die Ehefrau aber festen Schrittes auf mich zu und fragte: „Das Auto gefällt mir. Sie scheinen gute Arbeit gemacht zu haben. Aber, sagen Sie mir doch: WAS haben Sie denn da wirklich geleistet für die 5.000 (fünftausend!) Euro?“

Richard Kaan

WAS LERNEN WIR AUS DER GESCHICHTE?

Erstens: es ist gut, wenn nicht sogar notwendig, dass Kunde und Restaurator ein gutes Verhältnis zueinander haben. Zweitens, dass Restaurationen immer länger dauern als geplant. Und drittens, dass sie immer teurer sind als veranschlagt.

WAS IST NUN EINE RESTAURATION?

Die Antwort darauf wäre vor 20 oder 30 Jahren anders ausgefallen als heute. Damals war damit ein „von-Grund-auf-Überholen“ gemeint, wobei kein Unterschied gemacht wurde, ob das Resultat „better-than-new“ aussah oder so gut wie bei Auslieferung. Alles, was nicht funktionierte, wurde aufwendig repariert oder, war das nicht mehr möglich, durch Neuteile ersetzt. Diese waren oft „new-old-stock“, also alter Lagerbestand, Altteile, die überholt wurden, oder auch Reproteile. Letztere nicht immer von bester Qualität, aber manchmal war nichts anderes zu bekommen.

Heute würde man diesen Vorgang jedoch als ***Renovierung*** bezeichnen. Dazu „The ‚Charta of Turin‘ Working Group 4.7.2010, Thomas Kohler, Gundula Tutt, Rainer Hindrischedt, Mario De Rosa, Alfieri Maserati, Stefan Musfeld and Mark Gessler” mit einer übersetzten Definition:

„Renovierung meint eine Bearbeitung, die sich vor allem um die mehr oder weniger genaue Imitation einer fabriksneuen Erscheinung bemüht. Ziel einer solchen Bearbeitung ist es, die Spuren des realen Alters und der Geschichte am Fahrzeug zu tilgen, meist ohne Rücksicht und auf Kosten von historischer Substanz. Derart veränderte Objekte laufen Gefahr, ihren kulturhistorischen Quellenwert zu verlieren. Die Renovierung entspricht üblicherweise nicht der in der Charta vertretenen Herangehensweise an historische Fahrzeugen.“

Zum Unterschied davon ist heute, der angesprochenen „Charta von Turin“ folgend, die substanzerhaltende Restauration das Maß aller Dinge. Dies unter dem Aspekt der Reversibilität, also eines möglichen Rücktausches von Teilen und Aggregaten, sofern sie nach ihrer Restauration nicht mehr original wären. Es geht also ums Konservieren, wobei eine gewisse Patina nicht mehr als wertmindernd angesehen wird. Ganz im Gegenteil. Davon war weiter vorne schon die Rede. Was aber über all dem schwebt, ist der Kunde, der zwar vom Restaurator über alle Möglichkeiten informiert werden muss, aber dennoch seine Entscheidungen vom geplanten Einsatzzweck abhängen lassen wird. Sei es, dass er ein Museum besitzt oder eine Sammlung, dass er den Wagen als tägliches Transportmittel verwenden möchte oder eventuell bei Gleichmäßigkeits-

Die perfekte Restaurationsbasis: ehrlich, unverbastelt und wertvoll. Ein früher Porsche 356 im Pantheon/ Basel/Schweiz

PORSCHE
STUTTGART

Veranstaltungen vielleicht sogar im Renneinsatz. Der ideale Kunde, ob nun für eine Restauration oder eine Renovierung, wäre nach Mercedes-Spezialist Klaus Kienle „*… jemand, der Freude am Fahrzeug hat und es sich leisten kann.*“

Konservator Dr. Marcel Schoch beschäftigt sich mit Fragen von Restauration und Moral bzw. Ethik. Seinem Verständnis folgend ist eine Restaurierungsethik der notwendige Überbau, unter dem sich Geschichte und Geschick von Automobil sowie Restaurateur finden. Der sanfte Umgang mit allen Materialien und die Konservierung des Autos und seiner Teile stünden stets im Vordergrund. „*Der Verschleiß ist aber hinnehmbar*“ meint Schoch, jedoch „*die totale Anpassung des Ergänzten an das Original täuscht den Betrachter! Sie spiegelt vor, was nicht ist*“. Eine Ergänzung der Teile sei dennoch möglich, aber „*… es empfiehlt sich, ergänzte Teile durch eine Markierung, eine Punze oder dergleichen zu kennzeichnen! Dies umso mehr, je genauer die Ergänzungen dem Original angepasst sind.*“

Abschließend meint Schoch: „*Oberstes Gebot bei einer Restaurierung ist der Respekt vor der ästhetischen und historischen Bedeutung des Kulturgutes Fahrzeug sowie die weitgehende Wahrung seiner materiellen Unversehrtheit. Unabhängig davon, was der Kunde wünscht oder entscheidet, ist es damit die Pflicht des Restaurators, ihn umfassend im Sinne einer richtigen und zeitgemäßen Restaurierungsethik zu beraten – auch wenn dies bedeutet, dass der gewünschte ‚Vorher-Nachher-Effekt‘ nur minimal ausfällt.*“

WAS BENÖTIGT MAN FÜR EINE KORREKTE RESTAURIERUNG?

Einen Plan. Diverse Checklisten. Dokumentation. Geld und Geduld. Viel Geduld. Und oft auch viel Geld.

Als Allererstes müssen Identifizierung sowie Bestandaufnahme gemacht und sogleich dokumentiert werden. Dokumentation ist ohnedies das Schlüsselwort, bis zum Ende der Restauration, wenn nicht sogar darüber hinaus.

Dann folge die gemeinsame Festlegung, was der Kunde mit dem Wagen vor hat und bis zu welchem Grad restauriert werden soll. Dabei wird der Kostenfaktor zur Gretchenfrage, da die Erwartungen oft das Budget übersteigen. Aber auch alle Restauratoren sind aufgerufen, sich intensiv mit den Kosten auseinanderzusetzen. Nachforderungen sind für alle Beteiligten höchst unangenehm und enden leider oft vor Gericht.

Dr. Marcel Schoch: „*Restaurieren heißt aber nicht: wieder neu machen. Der häufig gewünschte, deutliche Vorher-Nachher-Effekt fällt nach einer fachlich richtig ausgeführten Restaurierung mitunter überraschend verhalten aus.*“

Und gemäß der Charta von Turin: „*Restaurierung umfasst alle Maßnahmen zur Ergänzung von fehlenden Teilen oder Bereichen mit dem Ziel, einen früheren Zustand des Objektes wieder ablesbar zu machen. Die Restaurierung wird generell weiter eingreifen als eine Konservierung. Restaurierte Bereiche sollen sich harmonisch in den historischen Bestand einfügen, bei genauerer Untersuchung jedoch sicher von diesem unterscheidbar sein.*“

▶▲ Zwischen der lackierten Karosse und der Auslieferungs-Politur liegen rund 1.000 Arbeitsstunden - wenn's langt. Foto und Werk: Vehicle-Experts/Ungarn

▶ Metallbaukasten für große Jungs im Maßstab 1:1

Das Restaurieren von Oldtimern ist eine enorm Zeit-, Geld- und Wissens-intensive Tätigkeit. Konkrete Planung und möglichst detaillierte Definitionen sowie Absprachen von Auftraggebern und Auftragnehmern können dabei helfen, ein Desaster zu vermeiden.

RUPES

Restauration im heutigen Sinn beabsichtigt, möglichst viel von der Substanz zu erhalten. Die Mannschaft der Carosserie J. Wagner in Bad Ragaz/Schweiz

Viel Mechanik, wenig Blech.
Uhrmacherarbeit bei den
Bremstrommeln –
wieder bei J. Wagner

Der Laie meint, das sei nur Schrott, der Fachmann hingegen freut sich wie ein Schneekönig, wenn er einen besonders raren Fund, besser noch „Fang“ macht. Audi Quattro

Manchmal muß man tief in die Unterwelt „köpfeln“, damit das Resultat stimmt. Reinbacher Graz/Österreich

Akuratesse ist unverzichtbar, sonst kracht es hinterher und alle Arbeit ist vergeblich – wenngleich selten umsonst.

Auch die besten Handwerker können schlechte Tage haben. Ein Beispiel für Probleme, die nach einer missglückten Restauration auftreten können.

Halbe Sachen beim Restaurieren kommen meist doppelt so teuer. Demonstrationsobjekte von Profis seien hier die Ausnahmen, wenngleich auch deren Fertigrestauration ebenso viel kostet wie eine volle.

Carrera RS

Oldtimer und Replikas – oder: *Emil und die Detektive*

„Wir möchten Sie beauftragen, einen sehr raren Oldtimer, der bei einem Unfall zum Totalschaden wurde, zu begutachten. Die Forderung liegt in Millionenhöhe". So lautete eine Anfrage, die ich als Gutachter von einem großen deutschen Versicherer bekam. „Was benötigen Sie dazu?" „Alles Verfügbare über die Geschichte des Wagens. Dokumente, Fotos, den Unfallhergang, Polizeiberichte sowie die ausdrückliche Genehmigung des Eigners, einen Span/Materialprobe von jedem Bauteil entnehmen zu dürfen." So meine Antwort.

Fünf Wochen später kam die für mich unerfreuliche Nachricht, dass der Versicherer sich viel Geld erspart hätte, ich an diesem Fall aber nichts verdienen würde – die Forderung an die Versicherung hatte der Besitzer zurückgezogen! Die Forderung in Millionenhöhe!

Wie das? Dieser Fall ließ mir keine Ruhe. Obwohl es nichts zu ernten gab, wollte ich der Geschichte auf den Grund gehen. Hier die Fakten: Der Wagen hatte einen Unfall und wurde sehr schwer beschädigt, vermutlich Totalschaden. Der Unfall passierte allerdings nicht, wie angegeben, auf der Autobahn, sondern auf einer Rennstrecke. Er war auch, gemäß Beschreibung, vor dem Unfall in neuwertigem Zustand. Nein, eigentlich war er mehr, nämlich so gut wie neu. Genau damit wurde meine Forderung, ‚einen Span von jedem Bauteil entnehmen zu dürfen', jedoch zur gefährlichen Drohung.

Der hochnoble Eigentümer hatte sich in der Tat, belegbar und vielen bekannt, vor Jahren einen Wagen gleichen Typs zugelegt, mit allen Papieren und bekannter Geschichte, jedoch in eher schlechtem Zustand. Er ließ das Auto komplett restaurieren und wollte damit Rennen fahren. Bald war ihm der Oldtimer dafür aber zu schade; so entschloss er sich, ein zweites Exemplar bauen zu lassen, gleich aussehend und mit gleicher Fahrgestell-Nummer. Die Geschichte des restaurierten

Porsche baute 1.580 Carrera RS 2.7 – davon gibt es heute „nur" noch 3000.

(weiter auf Seite 112)

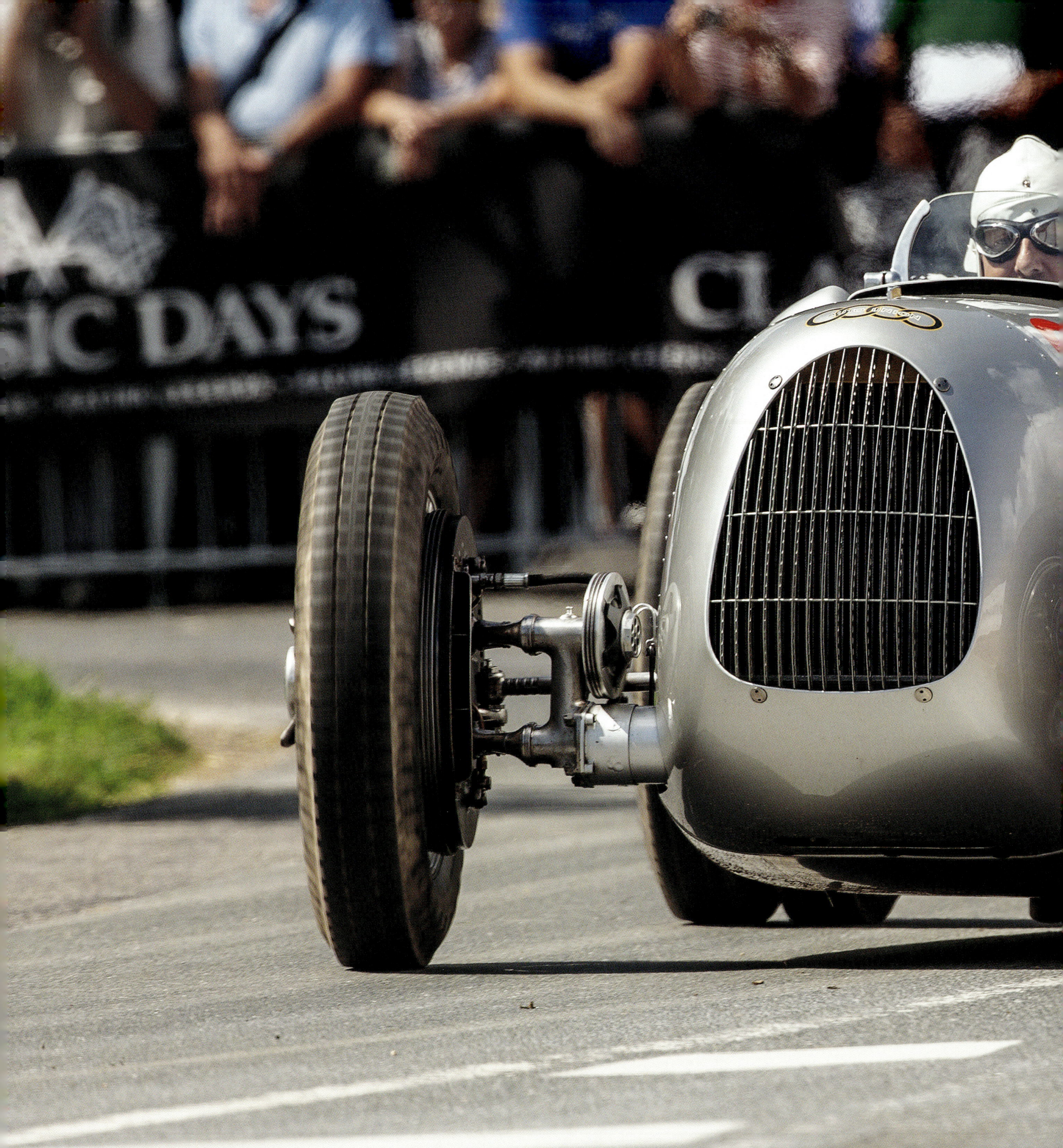
DAYS

Dieser Auto Union 16-Zylinder Bergrennwagen Typ C/D von 1939 wurde in England im Auftrag von Audi nach originalen Plänen neu gebaut. Verwerflich? Nein, sicher nicht, denn sonst würden wir diese Wucht für Augen, Nase und Ohren nie genießen können. Es gäbe nämlich keinen mehr davon. Schloss Dyck/Deutschland

Wagens war ja bekannt, der Eigner besaß auch alle Papiere – nur eben zwei identische Autos. Mit dem geklonten Exemplar frönte er dann seinem Hobby, dem Rennfahren.

Was es mit dem „Span" auf sich hatte? Als die originalen Autos gebaut wurden, waren bestimmte Materialien auf dem Markt, die es heute manchmal nicht mehr zu kaufen gibt. Viele Hersteller haben Archive, in denen Legierungen oder Materialzusammensetzungen aufgelistet sind, dort kann man allfällig erhaltene Samples mit diesen Unterlagen vergleichen. Es hätte also auch in diesem Falle durchaus sein können, dass das Aluminium der Karosserie oder der Stahl des Rahmens des zu untersuchenden Wagens nicht mit dem übereinstimmt, was zur Produktion im Werk verwendet wurde.

Oft stehen die „Duplizierer" vor dem Problem der Beschaffung der Originalmaterialien. Dabei unterschätzen sie mitunter die Gefahr, eben dadurch entdeckt zu werden. Es ist wie beim Drucken von Blüten auf falschem Papier.

Richard Kaan

Es ergibt sich nun die Frage, ob es moralisch und juristisch vertretbar ist, ein 1:1-Modell eines Oldtimers zu bauen. Einen Klon.

Seit vielen Jahren haben große Autowerke immer wieder ähnliches gemacht, mit dem Hinweis: *„Wir haben die Pläne, wir haben das Original gebaut, wir haben Nummern-Serien, die aus jenem oder diesem Grund nicht ausgeschöpft wurden. All das gibt einzig uns das Recht, unsere Wagen weiterzubauen".*

Jaguar zum Beispiel begann 2016, eine Kleinserie von E-Type-Rennwagen neu aufzulegen. Tom Hanning: *„Wir bauen die Autos nicht als Straßenfahrzeuge, die Lightweight-E-Types sind vielmehr Rennfahrzeuge; sie sind ja damals speziell als Rennfahrzeuge entwickelt worden. Unsere Kunden nutzen die Autos für Rennen. Sie kaufen kein Straßenauto."* Und diese fahren dann in den Rennen gegen die Originale? *„Richtig"*, meint Hanning, und weiter auf meine Frage, ob das nicht eine andere Welt sei: *„Das ist nicht so wirklich eine andere Welt. Die Autos sind exakt so nachgebaut und exakt so eingestellt, wie sie damals erzeugt wurden. Die Materialspezifikation ist exakt die Gleiche wie damals – darauf haben wir peinlich genau geachtet. Wir haben sogar auf die Position jeder einzelnen Niete geachtet. Was gar nicht so einfach ist, weil damals die Autos halt sehr unterschiedlich waren."*

Dem Vernehmen nach planen auch andere Hersteller, alte Modelle neu aufzulegen. Auf die Frage an Dr. Mario Theissen von der FIVA (Fédération Internationale des Véhicules Anciens), was denn diese Autos dann wären? *„Die FIVA definiert sehr genau, welche Komponenten im Fahrzeug sein müssen, um ein originales Fahrzeug zu haben. Wenn Jaguar jetzt neue Fahrzeuge von Grund auf baut und ihnen neue Fahrgestell-Nummern gibt, dann haben diese natürlich auch das aktuelle Baujahr".* Die dann aber viele der Neuwagennormen bezüglich Sicherheit und Abgas nicht erfüllen. Deshalb werden sie vermutlich in Museen oder Sammlungen unterkommen und sich auf Rennstrecken mit ihren „schwächlichen" Vorbildern von vor 55 Jahren messen.

EIN ANDERES BEISPIEL: DIE AUFERSTEHUNG EINES BUGATTI ROYALE

Auf der Stuttgarter Retro Classics 2016 war ein hinreißendes Automobil zu sehen, der weltweit längste Roadster. Nicht allein seine unterschiedlichen Blinker (einer grün, der andere rot) fielen auf. Auch, dass er keine Scheinwerfer hatte, denn der Wagen sollte nie nachts gefahren werden. Und seine schiere Länge – unfassbar! Ebenso sein Zustand. Aber echt im Sinne von original war dieser Royale nicht.

Jochen Mass, Rennfahrer: *„Ein gutes Beispiel für einen Mann, der Millionen ausgab, diesen Bugatti Royale von Armand Esders wieder herstellen zu lassen. Er wird natürlich angegriffen von vielen Leuten, die nur echte, originale Autos haben und erhalten wollen. Es gibt hier in gewissen Kreisen kein großes Verständnis für Nachbauten. Ich aber finde es bemerkenswert, wenn jemand so viel Herzblut vergießt, wenn jemand auf sich nimmt, etwas wieder auferstehen zu lassen, so nahe als möglich, wie es damals war. Ich glaube, wir sollten mutige Toleranz derartigen Projekten gegenüber walten lassen und solche Menschen nicht düpieren. Wir sollten Ihnen Beifall spenden für das, was sie damit erhalten. Diese wenigen Objekte, die damals schon absolute Raritäten waren, dürfen nicht für ewig verschwinden".*

▶▲ Airfix-Metallbaukasten im Maßstab 1:1. Kein Mangel an Karosserie-Teilen für den Jaguar E-Type. Aber auch vom Rest ist alles zu kriegen.

▶ Werksnachbau des E-Type-Lightweight-Competition-Roadster

1 BD28467
Front Valance Panel
2 BD36166
Bonnet Assembly
3 BD19930
RH Front Wing Assembly
4 BD19931
LH Front Wing Assembly
5 BD15133
RH Sill Outer Panel
6 BD24848
RH Door Outer
7 BD24846
RH Door Inner
8 BD24849
LH Door Inner
9 BD24849
LH Door Outer
10 BD15134
LH Sill Outer Panel
11
Rear Lower Quarter Panel RH
12 BD24830
DÉCOUVREZ UN MONDE DE
NOUVELLES POSSIBILITÉS

Einer der Schöpfer dieser Re-Kreation, der Restaurator Daniel Lapp dazu: *"The owner wanted this car back on the road. There was an engine and we had access to additional new parts."*

JAGUAR, KÄFER, MERCEDES SL ODER NEUNELFER MIT NEUER TECHNIK IN ALTEM BLECH?

In den 1980er-Jahren begann der Arzt Dr. Gregory Beacham im fernen Neuseeland, Jaguar MK II zu restaurieren. Bald verpflanzte er modernere Technik in die schönen alten Karosserien. Warum? Es fuhr sich so viel besser. Aus England, den Niederlanden, Belgien und Frankreich gibt es heute alt aussehende Jaguar MK II mit modernem Vierventil-Sechszylinder-Motor samt Einspritzung, aktuellen Schalt- oder Automatik-Getrieben, Hinterachsen und Bremsen (mit ABS sogar) sowie Klimaanlagen aus der seit 1986 gefertigten Baureihe XJ40 oder gar noch jünger. Und diese fahren sich dann natürlich besser als jedes restaurierte Original …

Gleiche Ideen verwirklichten seither Mechatronik in Pleidelsheim/D mit dem Pagoden-SL, Memminger mit dem Käfer in Reichertshofen/D oder Singer in Los Angeles/USA mit seinen klassisch aussehenden Porsche 911. Und viele andere mehr.

Letztlich richtet sich der chinesische Drache ebenfalls im Automobilbau auf. Aber nicht nur mit tollen Elektroautos, vor denen sich die westlichen Autobauer in Acht nehmen müssen, sondern auch mit der Wiederauferstehungen alter Modelle. So entstehen mehr und mehr neue alte Autos im fernen Osten, da chinesische Großbetriebe alte, europäische Marken aufkaufen und damit auch die Rechte an ehedem gefertigten Fahrzeugen. Beispiele: MG, Rover, Bertone.

Es gibt nicht nur Oldtimer, sondern auch eine Reihe von Derivaten. Viel Know-how wird darin investiert und noch mehr Geld. „Neualte" Autos haben zum Teil eine Performance, von denen die Originale meilenweit entfernt sind. Autowerke in West und Ost beginnen mit dem Nachbau der eigenen oder auch fremden Vergangenheit – das wird noch spannend. Mit welchem Baujahr wird man diese Wagen versehen?

Ein „Bugatti"-Vollblut aus Argentinien statt dem Elsass. Wenn man's deklariert und nicht als Original feilbietet?

PUR SANG
ARGENTINA

62
EMU

Hätten Sie gedacht, dass dies einmal ein 1957er-Jaguar XK 150 war? Was Sie sehen ist ein Eigenbau, der in seinem zweiten Leben und auf Wunsch von des Restaurators besserer Hälfte Simone genau so zu einem Dönni-Special aufgebaut wurde. (1989). Epochenübergreifend nennt das passender Weise die wichtige Oldtimerseite: zwischengas.com

◀ Und hier die Ausnahme von der Regel: Dieser Aston Martin DB3S von 1954 ist mit an Sicherheit grenzender Wahrscheinlichkeit eines der ganz wenigen Originale und hat seinen Weg hierher nur gefunden, da speziell dieser Wagentyp sehr gerne nachgebaut wird. Zur Warnung sozusagen.

Oldtimer und Fälschung – oder: 50 Shades of Originality

„Die Staatsanwaltschaft beauftragte mich in einem Strafverfahren tätig zu werden. Es ging um einen wertvollen Mercedes aus den 1930er-Jahren und es galt zu beurteilen, ob es sich dabei um ein ‚Original' handle. Oder nicht.

Hintergrund war, dass dieser Wagen mehrfach den Besitzer gewechselt hatte. Einer davon hatte ihn Daimler-Benz angeboten und dort den Bescheid erhalten, dass es Zweifel an der Originalität gäbe. Besagter Eigner forderte daher sein Geld vom Vorbesitzer zurück, was dieser jedoch verweigerte. So kam es zu Strafanzeige und Zivilklage.

Im Zeitraffer: Zwischen dem Baujahr und 1980 gab es so gut wie keine Aufzeichnungen. Die Werksunterlagen waren im Krieg verbrannt. 1980 kamen Teile des Wagens aus Argentinien in die USA zu einem Händler, der in dem mit geschickten Handwerkern gesegneten südamerikanischen Land auch Reproteile für andere, noch wertvollere Mercedes herstellen ließ. Er wolle aus den Fragmenten wieder ein Auto machen, so sagte er aus, aber es kam nicht dazu. Fünfzehn Jahre später verkaufte der Amerikaner alles zusammen nach Deutschland: einen Rahmen ohne Seriennummer, dazu Motor, Getriebe und Achsen, angerostete aber keineswegs durchgerostete Kotflügel sowie einige Holzteile. Keine Karosserie. Aus diesen Fragmenten wurde dann ein ganzes Fahrzeug aufgebaut. Man begehrte anschließend eine TÜV-Abnahme, zuerst mit der einen Modell-Bezeichnung, später mit einer anderen; beides schlug fehl. Eine (neue) Fahrgestell-Nummer wurde eingeschlagen, allerdings an falscher Stelle. Von einem damals noch nicht sehr versierten Typbeauftragten eines Marken-Clubs wurde eine ‚Originalitäts-Bescheinigung' angefordert und erteilt. Ein FIVA/DEUVET-Pass wurde ausgestellt, allerdings mit dem deutlichen Hinweis, dass die Originalität fraglich sei – später tauchte ein etwas abgeänderter FIVA/DEUVET-Pass auf, aus dessen Kopie diese

(weiter auf Seite 122)

Wer wagt es hier den Richter zu spielen? Welcher ist echt, welcher nicht ganz so? Bugattis Typ 35 und 37 beim internationalen Treffen in Montreux/Genfer See/Schweiz

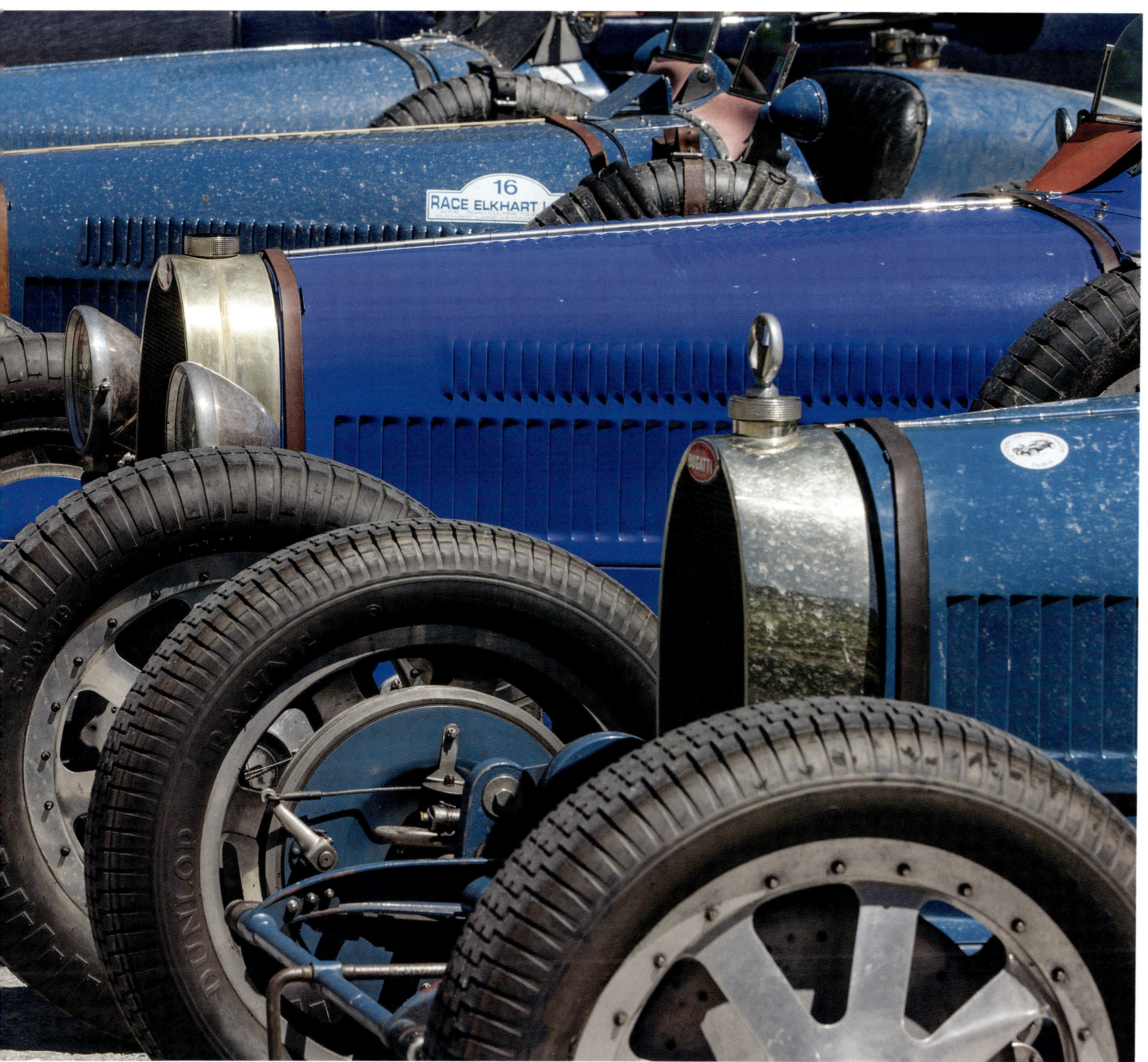
16
RACE ELKHART
DUNLOP

Nichts, was sich nicht fälschen ließe. Und mit der richtigen Zutat, seien es Signatur oder matching numbers, oder mit der richtigen Zusicherung lässt sich ein höherer Preis erzielen. Dann ist es auch schon egal ob Pabst oder Papst …

O/F/I/A/T
SILVAUTO
ORIGINAL
OFFIZIELL

ORIGINAL
AUTO
VOM PABST
JOHANNES XXIII

Vermutlich gibt es von keinem Modell so viele Nachbauten wie von der AC Cobra. Manche sind richtig toll, manche eine Katastrophe. Das einzige Auto, um das eine richtige Duplikatsindustrie entstanden ist.

▶ Gerne gefälscht: der Alfa TZ. Großserientechnik aus den 1960er-Jahren, auf Rohrrahmen mit Alu- (TZ1) oder Kunststoffaufbau (TZ2). Speziell zweitere lassen sich leicht nachbauen. Von TZ gibt es, genau so wie vom Ferrari GTO oder vom Porsche RS viele mehr, als je von den Werken gebaut wurden.

Hinweise nicht (mehr) hervorgingen! Ein gutgläubiger Gutachter deklarierte den Wagen ebenfalls ‚im Original-Zustand' und fertig war das hochpreisige historische Automobil.

Ich beantworte die Frage der Staatsanwaltschaft, ob das ein ‚Original' sei, mit: ‚Nein, meiner Meinung nach ist das eine Fälschung'."

Richard Kaan

Natürlich gibt es dazu verschiedene Meinungen, aber geht man nach der Definition, dass eine Fälschung dann vorliegt, wenn etwas in Täuschungsabsicht hergestellt wurde, so bleibt wenig Spielraum. Ähnlich definiert sich dieser Umstand auch bei der Kunst. Wikipedia sieht das so: „*Unter einer Kunstfälschung versteht man die Nachahmung oder Kopie von Werken anderer Künstler in betrügerischer Absicht.*"

Aber halt – wir reden von Oldtimern, von klassischen Autos! Ja und? Nicht nur, was den Markt betrifft oder die Restauration oder sich überschneidende Käufer, auch hier nähert sich der Markt für alte Automobile dem Kunstmarkt.

„*Was sich zu fälschen lohnt, wird auch gefälscht*", sagt etwa der Münsteraner Galerist Claus Steinrötter.

Natürlich ist nicht anzunehmen, dass 40 bis 60 Prozent der Oldtimer (solche Zahlen werden tatsächlich manchmal für den Kunstmarkt genannt) gefälscht sind. Nur von den wirklich raren, und speziell von den eher leicht zu Fälschenden, sind nicht alle soo original wie sie vorgeben.

Und der Grad der Fälschung? Das macht natürlich im juristischen Sinn keinen großen Unterschied: Betrug ist Betrug!

Aber was wird überhaupt gefälscht? Hier ein paar Beispiele in willkürlicher Reihenfolge:

Eine Lackierung oder auch eine „Kriegsbemalung" und ein paar Zubehörteile ergeben ein anders Modell. Beim Renault Gordini oder beim Fiat Abarth geht das ganz leicht. Sportmodelle sind sehr gefragt, manchmal braucht es neben der Bemalung lediglich ein paar Ausbuchtungen für breitere Reifen, einen lauteren Auspuff oder auch einen stärkeren Motor und fertig ist der Carrera RS von Porsche, der GTA eines Alfa, der Cooper S von Mini oder der TTS anstelle des einfachen NSU Prinz.

„Specials" heißen die Autos dann, wenn auf den Rahmen einer Limousine oder eines Klein-Lkw eine meist neu gedengelte Karosse von einem Cabrio- oder Roadster gesetzt wird, was das Resultat um vieles begehrter und wertvoller macht. Üblicherweise ein vorwiegend englisches Phänomen, von MG oder Alvis, über Riley bis Bentley. Meiner Meinung nach ist nicht viel gegen diese Autos einzuwenden, sofern halt nur der Umstand klar deklariert wird!

Oder: Aus eins mach zwei. Von einem besonders raren Modell wird beispielsweise der Motor samt Getriebe genommen und ein neues Auto drumherum gebaut. Für das Rest-Auto mit dem Originalchassis gibt es einen neuen Antrieb und fertig sind der „Originale" zwei. Ebenfalls etwas für Spezialisten: Rahmen-Hälften oder -fragmente, und dann noch mit Fahrgestellnummer von raren Vorkriegsautos. Geschickte Handwerker machen daraus zwei Wagen. Oder gleich noch mehr …

Eine Verlockung ist auch das Kürzen des Radstandes, wenn damit ein viel wertvolleres Auto entstehen kann. Ein Beispiel gefällig? Der Mercedes SSK ist so ein Kandidat.

Langsam fast zur Modeerscheinung wird das Duplizieren eines korrekten, im eigenen Besitz befindlichen Schmuckstückes, sozusagen das

(weiter auf Seite 126)

Aus Alfa Romeo GT Junior werden machmal GTAs.

Aus Minis werden Cooper „S“, und aus biederen Renault R8 werden heiße Gordinis. Historische Metamorphose könnte man das nennen.

„Klonen". Darauf sind wir ja schon im Kapitel Replikas eingegangen.

Und schlussendlich: „Matching Numbers" – die heilige Kuh. Derartig originale Autos haben in der Regel einen deutlich höheren Wert, als ihre Artgenossen mit Tauschaggregaten.

Mit den entsprechenden Unterlagen und Schlagzahlen ist es Fachleuten allerdings ein Leichtes, sie wieder an der richtigen Stelle einzuschlagen …

WIE KANN MAN SICH DAVOR SCHÜTZEN?

Das Um und Auf bei der Kontrolle sind die Fahrgestellnummern. Vorsicht allerdings; sehen diese ein bisschen wie selbst gemacht aus, kann das ein Hinweis sein, dass sie erst später eingeschlagen wurden. In der Regel lässt sich über diese Seriennummer aber herausfinden, wer wann diesen Wagen gebaut hat und mit welcher Ausstattung.

Diese Information bekommt man von vielen Autos auf entsprechenden Suchplattformen, die sicherste Art ist allerdings die Werksauskunft. Die sogenannten „Geburtsurkunden" geben die einzig authentischen Auskünfte – allerdings sind sie manchmal recht schwierig zu beschaffen, es dauert oft lange und sie können auch recht teuer sein.

Weitere Nummern am Wagen und seinen Teilen geben ebenfalls gut Auskunft: Motor- sowie Getriebenummern, Fahrgestell-Endnummern in Türen, Hauben und Deckeln sowie, je nach Hersteller, im Wagen verstreut angebrachte Zahlenchiffres.

Der beste Schutz jedoch ist, sich bei einem anstehenden Kauf an einen spezialisierten Gutachter zu wenden. Auch, wenn man den Wagen schon besitzt, ist das ratsam.

Hohe Preise erzeugen hohe kriminelle Energie. Fälschungen nehmen stark zu. Wichtigste Kontrolle: eine möglichst lückenlose Geschichte und Dokumentation des Wagens. Auch Fahrgestell- und Motornummern geben Hinweise. Werksauskünfte sind besonders nützlich. Clubs haben meist Marken- und Typenspezialisten, die gerne Auskunft geben. Die Devise lautet: Informationen sammeln – und: einen Fachmann hinzuziehen.

Dieser hier ist echt!

Aber hohe Preise setzen hohe kriminelle Energie frei. Für die Fälschung eines Lancia Rally 037 lohnt sich fast jeder Aufwand. Mögen Sie bitte beim Kauf größte Sorgfalt walten lassen!

Ein schöner Tag für diese Besatzung des Lancia Rallye 037 (1982) unter dem Dachstein. Gesehen bei der Race Car Trophy/Österreich

MARTINI RACING
MARTINI
31
speedline
BILSTEIN
FERODO
SIEM

Gerne nachgebaut werden auch alle Varianten von Jaguar C- bis D-Typen. Auch Auch hier gibt es rege Nachfrage, und daher auch Anbieter. Indianapolis in Oerlikon/Schweiz

SPECIAL 4

Oldtimer und Literatur – oder: *Kinder und Hausmärchen*

Es ist modern, dem Buch keine Zukunft vorherzusagen. Gedruckt ist out, online is in. Und in der Tat lässt sich im World Wide Web viel Nützliches und Informatives finden. Dennoch: An Buchstaben auf Papier führt nach wie vor kein Weg auf Dauer vorbei. Das sind zum einen schnöde Dokumente und Broschüren, etwa alte Herstellerunterlagen. Das alte Papier gehört zum ehrwürdigen Auto. Ganz besonderen Zauber können allerdings gut gemachte Bücher zu unserem Lieblingsthema Oldtimer ausüben: Der Geruch von Papier und Buchbinderleim, fast so schön wie der von Öl und Benzin, oder?

Die Welt der Oldtimer besteht aus Geschichte und Geschichten. Über beides gibt es reichlich Literatur im Sinne von Printwerken. So man ein klassisches Fahrzeug besitzt, oder sich für ein solches interessiert, ist es sicher hilfreich, wenn man sich zuerst mit der Literatur beschäftigt, denn das kann zur wertvollen Entscheidungshilfe werden.

LITERATUR ZU FERRARI, PORSCHE & CO.

Über die Hersteller von Fahrzeugen: Von den Werken selber, aber auch von unzähligen Fans, Liebhabern und Mitarbeitern, sogar von Studiosi oder Professoren wurden immense Mengen an Geschriebenem über diese Firmen hergestellt. Dort erfährt man zumindest Grundlegendes über Typen, Marken, Personen und die Geschichte des Hauses. Darüber hinaus gibt es die Literatur über einzelne Fahrzeuge, sei es, dass es sich um Automobile, Zweiräder oder Traktoren handelt, oder Lkw, Busse, Einsatzfahrzeuge, militärischer oder ziviler Natur usw. Inhalt sind meist Entstehung und Daten, Designer und Verwendung des Typs etc. Daneben entstand in den letzten 50 Jahren nicht nur ein reger Interessenaustausch über Automobilia, sondern auch Schriften darüber. Viele Bereiche wie Kühlerfiguren, Typschilder, Kennzeichen, Schriftzüge, Blech- oder Email-Schilder, Pins, Wimpel, Kleidung, aber auch Tankanlagen, Modellautos und vieles mehr werden abgebildet, beschrieben und bewertet.

Weiters gibt es umfangreiche Literatur über die Menschen hinter den Firmen oder Marken. Sei es, dass hier über Designer geschrieben wird und ihre Werke, Erfinder oder auch Manager, aber auch über Rennfahrer, Rekordhalter oder sonst wie besondere Typen, die eine enge Verbindung mit einer Marke oder einem Fahrzeug hatten. Und dann gibt es auch Berichtenswertes über das, was man mit den alten Autos machen kann, oder tun sollte. Also deren Verwendung, oder auch ihre Instandhaltung und -setzung.

DIE QUELLEN

Damit aber diese ganzen Unterlagen entstehen können, benötigt man korrekte Quellen. Hersteller bzw. deren Nachfolger haben naturgemäß den besten Zugang zu allen alten Dokumentationen, die mit oder rund um das Gefährt von ihnen selbst hergestellt und/oder angeboten wurden. Dies sind beispielsweise: Betriebsanleitungen, Servicebücher, Ersatzteil-Listen oder auch Reparatur-Anleitungen. Daneben aber auch Kundendienst-Anweisungen und –Schulungsmaterial, natürlich auch Prospekte und Bilder aller Art; aber auch Sonderausstattungs- und Preislisten zählen dazu, wie vieles anderes mehr. An Kunden weitergegeben wird normaler Weise aber nur ein Teil davon, denn allzu viel Wissen wollen die Werke doch nicht preisgeben. Aber irgendwie haben verschiedenste Unterlagen auch auf andere Weise den Weg in die Öffentlichkeit gefunden.

Auch Verbände, Vereine und Autofahrerclubs besitzen meist umfangreiche Archive, wie z.B.: veröffentliche Richtlinien, Studien, Interpretationen von Vorgaben, usw. Zugang zu fast allem Geschriebenen oder Abgebildetem, selbst zu Verfilmtem finden in der Regel auch die Marken- oder Typen-Clubs. Alles was mit „ihrer" Marke, Type oder Modellen zu tun hat, wird gesammelt; manchmal auch Unterlagen, die von den Automobil-Werken selbst nicht heraus- oder freigegeben werden, und die kursieren dann – zu deren großer Freude – unter den Clubmitgliedern. Manche Clubs stellen auch selber Unterlagen her, oder re-publizieren verschütt Gegangenes.

Im allgemeinen Buchhandel, mehr aber noch im Buch- und Zeitschriften-Fachhandel findet sich fast alles, was je publiziert wurde. Bildbände oder Ratgeber sind fast überall zu finden, alles was spezifischer ist, eher in den darauf spezialisierten Läden, oder bei den fliegenden Händlern auf Messen und Ausstellungen. Aber natürlich bekommt man fast alles davon auch im Internet. Universitäten und andere Ausbildungsstätten sind als Quellen nicht zu unterschätzen, denn hier werden wissenschaftliche Arbeiten zu allen obigen Themen verfasst und (teilweise auch) veröffentlicht. Auch deren Archive sind oft sehr ergiebig. Es muss aber nicht jeder, der publiziert, ein Wissenschaftler sein, auch freie Autoren sammeln und publizieren, und das in erheblichen Mengen. Manche haben, so wie ich das Glück, einen tollen Verlag zu finden, ansonsten veröffentlichen sie halt im Eigenverlag, was die Qualität kaum schmälert, nur den Aufwand erhöht.

Nicht vergessen darf man auch die Unterlagen von Behörden. Diese geben alles Mögliche an entsprechendem Schriftwerk heraus, was z.B. Gesetzgebungen, Genehmigungen, Zulassungen, Verwendungen und Einschränkungen oder Statistiken rund um die Fahrzeuge betrifft. Auch Versicherungen besitzen oft wichtige Unterlagen wie Studien oder Statistiken etc. Weiters gibt es eine Reihe von Dienstleistern, die ihr Angebot rund um die alten Fahrzeuge bewerben, und veröffentlichen. Auch von ihnen kann man viel erfahren, denn oft sind detaillierte Probleme oder Lösungen beschrieben. Und dann wären noch die diversen sonstigen Sammler von Unterlagen, wie: Museen, Auktionshäuser oder Veranstalter um nur einige davon zu nennen; die Liste ist jedoch schier endlos.

WAS WIRD ANGEBOTEN?

Angeboten von den obigen Quellen werden beispielsweise: Technische Daten und Beschreibungen. Hier finden sich Betriebsanleitungen, Reparatur-Leitfäden, Schaltpläne, Prospekte, Ersatzteil-, Ausstattungs- und Preislisten, etc. Fahrgestell- Motor- und sonstige Nummern-Erfassungen. Alle Arten von Hinweisen und Schulungsunterlagen für Betriebsangehörige etc.

- Beschreibende Literatur: Fachleute und Enthusiasten fanden sich rasch und beschrieben das Ziel ihre Leidenschaft beispielsweise in Bildbänden, Ratgebern, oder auch Vergleichen. Dazu kommen die Einordnung in Epochen, Versionen, Beschreibungen von Konstrukteuren und Designern, sowie technische Erörterungen von allerlei Details wie Bremsen, Elektrik aber auch Einzelteilen wie z. B. Nockenwellen.
- Bildbände: Sei es, dass die historischen Vehikel in besonders schöner, oder in jämmerlicher Form abgebildet sind, Literatur mit vielen Bildern erfreut sich großer Beliebtheit.
- Magazine und Zeitschriften: Der Markt für derartige Veröffentlichungen ist riesig. Kleinanzeigen oder große Reportagen, und erstaunlicher Weise scheint das Angebot durch das Erscheinen des Internetzes nicht wesentlich geringer geworden zu sein.
- Diplomarbeiten, Masterthesen, Dissertationen, Statistiken, Untersuchungen usw.: Wissenschaftliche oder nicht ganz so wissenschaftliche Arbeiten rund um alle Bereiche des Oldtimers.

Es gibt unzählige Veröffentlichungen über das Thema Oldtimer. Manches davon im alten Original, vieles auch als Nachdruck. Abbildungen von Marken, Modellen, Technik im Detail, oder auch Fotos von Ereignissen und Benützern, helfen die alten Autos einzuordnen, und ggf. sie instand zu setzen oder wieder herzustellen. Erklärung und Unterhaltung steht im Mittelpunkt.

Don't forget the handbrake

ALFA
ROMEO

THROTTLE BOTTOM
IGNITION TOP
SHUT
RETARD
ADVAN

WOLF

RADIAL
9"L x 15"

PRIX A PAYER
TAXIMETRE
TARIF
SUPPLEMENTS
1F

MG

FAST
WEAK
STRONG
EARLY
SLOW
LATE

PEGASO

4 Lieb und teuer: Was ist das, was ich schätze, wert?

Oldtimer-Markt – oder: *Man sieht nur, was man weiß*

Gespannte Erwartung beim Bieterduell um das Ferrari 400 Superamerika Coupé Aerodinamico von Pininfarina und um einen BMW 507 Hardtop bei RM /Sotheby's. Ein Mal die Hand zu langsam gesenkt und futsch ist das Jahresgehalt eines Investmentbankers.

“*What started as a hobby for eccentric old men is now a major industry*”, Kevin O'Rourke auf die Frage, warum Restaurationen immer mehr kosten als vereinbart, und immer länger dauern? Und weiter: “*you discover problems that you didn't know existed*” – womit das ganze Dilemma recht klar ausgedrückt ist.

Wer einen Gegenstand liebt und ihn nicht besitzt, muss ihn fertigen oder kaufen. Käufer und Verkäufer müssen sich treffen, das findet heute oft „online“ statt. Der traditionelle Ort des Treffens war oft der Markt (ein Fischmarkt, ein Gemüsemarkt …). Heute gibt es viele „Märkte“, die nicht riechen, nicht bunt sind: Die Börse ist einer davon. Abstrakter formuliert kann man sagen, Märkte sind das Zusammentreffen von Angebot und Nachfrage – bezogen auf eine Ware. Beim Arbeitsmarkt ist die Ware die menschliche Arbeitskraft. Beim Immobilienmarkt geht es Grundstücke und Gebäude, usw. Und auch beim Oldtimer gibt es Güter die gehandelt werden, die sich auf dem Markt wiederfinden.

Es geht also um Geld oder Geld-Wert, die mit klassischen Automobilen im Sinne von Kauf/Verkauf sowie Dienstleistungen rund um Oldtimer umgesetzt wird. Und das sind nach Schätzungen der FIVA (Fédération Internationale des Véhicules Anciens) allein in Euro 20 bis 25 Milliarden! Dazu kommt noch der amerikanische Markt – vermutlich weltweit der Größte – und der „Rest der Welt“, was in Summe rund 50 bis 60 Milliarden Euro Umsatz ausmacht. Pro Jahr, wohlgemerkt!

WER BESPIELT DIESEN MARKT?

Privatleute, Händler, Autohersteller, Sammler, Museen treten sowohl als Käufer als auch Verkäufer auf.

Daneben gibt es aber viele Dienstleister, die sich im Marktumfeld „Oldtimer“ tummeln: Broker, Vermittler, Auktionshäuser, Gutachter, Versicherer, Clubs und Verbände, Teilehändler, Garagisten, Transporteure, Restaurateure, Auf-

◀ Pegaso Z-102, „Cupola“. 30-mal so rar wie ein Ferrari 250 GTO – auch 30 Mal so wertvoll? Schon 1952 mit Vier-Nockenwellen, Transaxle mit De-Dion-Achse etc. ausgestattet. Wie ein Rennsportwagen. Hier beim Auftritt vor der Villa d'Erba/Italien

bereiter, Ausbilder, Analysten, und viele andere mehr. Nicht zu vergessen die Medien: Journalisten und Fotografen, mit oder ohne kommerzielle Interessen, jedoch stetig in Gefahr der Verbreitung von sich selbst erfüllenden Prophezeiungen.

Aber auch Veranstalter aller möglichen Events spielen eine bedeutende Rolle, und dann noch die Politik, im Sinne von „dürfen und nicht dürfen". Schlussendlich sind es die jeweils lokalen oder nationalen Behörden, die mit, ohne, oder auch gegen die Politik über das Wohl und Wehe der Oldtimer, speziell ihrer Verwendung entscheiden.

WAS BEEINFLUSST DEN MARKT BESONDERS?

Ganz wesentlich ist es die wirtschaftliche Grundstimmung. Denn die fördert die Kauflust oder vermiest diese. Empfindlich gestört werden kann sie durch weltweit wirkende Ereignisse, selbst wenn diese nichts mit Autos zu tun haben. Daneben ist natürlich die verfügbare Geldmenge ein entscheidender Faktor, und auch, was am Markt gerade angeboten wird. Weiters spielen Moden eine Rolle, der jeweils ‚hippe' Lifestyle, und vor allem ‚In-Personen', die bestimmte Trends setzen.

Wert. Was ist das schon? Liebe ich ein Auto, weil es viel wert ist? Oder gar deshalb, weil es nur mir etwas bedeutet? Ist die Fieberkurve des Oldtimermarktes ein Gradmesser der Emotionen? Oder ist das Spiel von Angebot und Nachfrage der wahren Leidenschaft abträglich? – Und doch: Die wenigsten erben einen Oldtimer, also muss man ihn kaufen …

Einzigartige Abarth-Sammlung von Engelbert Möll (ehemaliger Abarth Werksfahrer) anlässlich der Retromobile/Paris. Käme sie en bloc auf den Markt, hätte das Auswirkung auf das Preisgefüge.

Ein Ferrari 250 GTO in Fehlfarben? Nein, in schwedischen Teamfarben, so wie 1962 bei der Targa Florio. Ist er deshalb weniger wert als ein roter? Wohl kaum.

Lieb? - Vielleicht. Teuer? - Defintiv. Kauf und Betrieb setzen ein belastbares Bankkonto voraus.
Der Kremer-Porsche 935 K1 auf der Nordschleife.

Auch ein „Special" wie dieser sehr spezielle Marmon (aus dem Jahre Schnee) steigert seinen Wert erheblich, sobald er perfekt inszeniert wird - wie hier vom Fotografen Dani Reinhard und seiner Assistentin Sarina.

Ein Aston Martin Ulster 1.5 Liter wie dieser gewann 1935 den dritten Platz beim 24-Stunden-Rennen von Le Mans. Im gleichen Jahr gründete eine Runde honoriger Gentlemen den „Aston Martin Owners Club", unbotmäßig AMOC genannt. Hier bei der Ennstal-Classic/Österreich

Pat Moss, Schwester von Sir Stirling, nannte den Big Healey: „The Pig". Dies wegen seines oft schwierigen Fahrverhaltens – das Heck brach manchmal ansatzlos aus. Heute ein gesuchter Klassiker, als Straßenauto jedoch durchaus erschwinglich. Anders verhält es sich mit Werksrenn- oder Rallyeautos.

Oldtimer-Markt-beobachtung – oder: *Aus Erfahrung gut*

„[Beobachten ist] das systematische Erfassen, Festhalten und Deuten sinnlich wahrnehmbaren Verhaltens zum Zeitpunkt seines Geschehens."

P. Atteslander, Soziologe

Wie bereits erwähnt, hat der Markt für klassische Automobile, also die Summe aus allen Verkäufen und Dienstleistungen, nach aktueller Schätzung ein Volumen von rund 50 bis 60 Milliarden Euro im Jahr.

Derartige Umsätze schreien geradezu nach neutraler Beobachtung des Marktes und seiner Entwicklung, fernab von persönlichem Wunschdenken. Die Liebe zum Oldtimer kann nämlich durchaus blind oder den Wunsch zum Vater aller Gedanken machen. So mancher überschätzt womöglich den Wert seines Oldtimer-Schatzes. Und wer gerade auf der Jagd nach dem Traumfahrzeug ist, wird verlockt sein, zu tief in den Geldbeutel zu greifen.

Es gibt eine große Anzahl von Plattformen, die online Marktbeobachtungen anbieten, oft kombiniert mit einem Werkzeug zur (eigenen) Preisfindung für bestimmte Modelle. Manche dieser Internet-Tools sind frei zugänglich, für viele aber ist eine Mitgliedschaft oder eine monatliche bzw. jährliche Gebühr fällig. Manche dieser Auskünfte sollten aber nur als grobe Richtlinie hergenommen werden, denn speziell im Internet abgefragte Preise angebotener Autos sagen wenig über ihre Zustände aus, und sind meist eher Wunschvorstellungen.

Daneben gibt es professionelle Markt-Beobachter, die teilweise auf Grund ihrer Erfahrung, meist aber mit wissenschaftlich fundierten Werkzeugen regelmäßige Analysen erstellen, die einen sehr guten Überblick über die momentane Situation geben können.

Drei davon wollen wir uns näher ansehen und fragen, ob sie uns unterstützen können, keine Fehler zu machen.

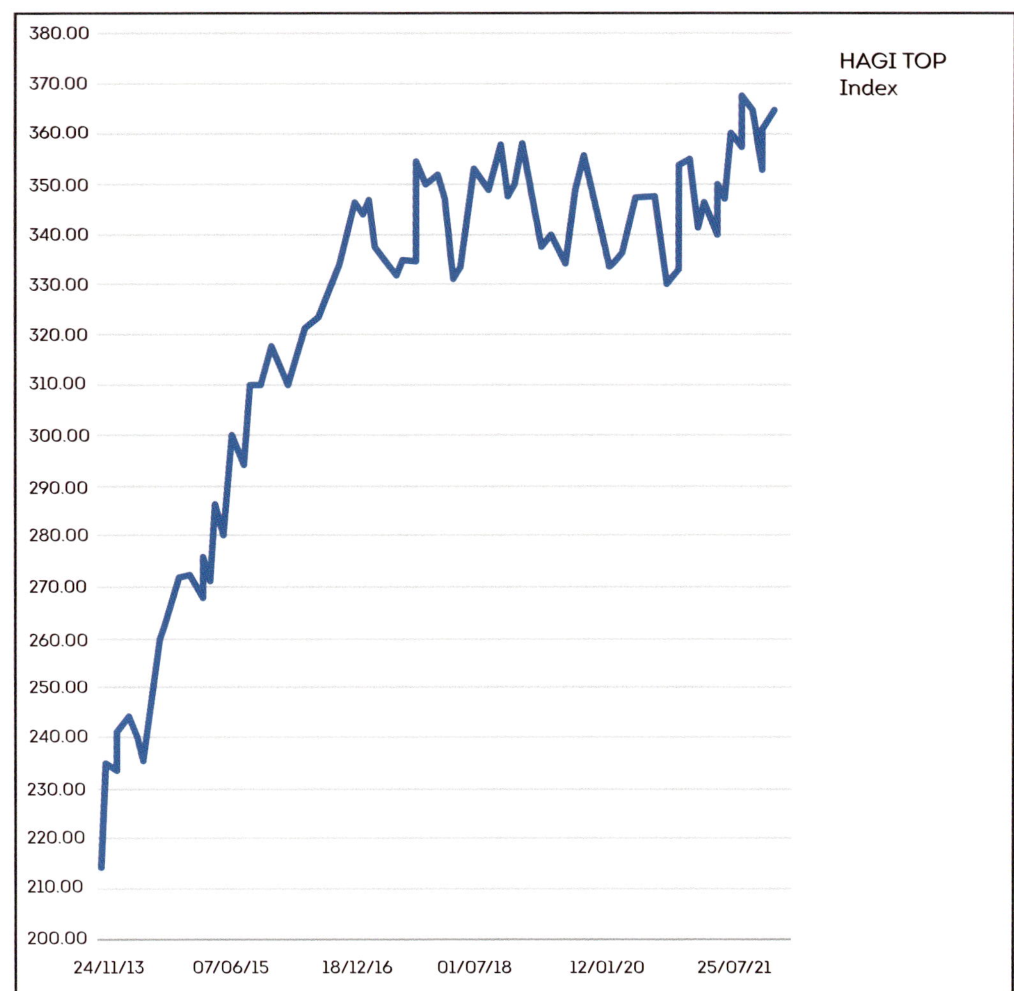

HISTORIC AUTOMOBILE GROUP HAGI

Da die Betreiber dieses Unternehmens vornehmlich aus dem Bereich der Finanzdienstleistung kommen, ist dieser spezielle Aspekt von Klassikern gleichzeitig ihr Hauptblickwinkel.

Selbstdefinition: *„Die Historic Automobile Group International (HAGI™) ist ein unabhängiges Research-Unternehmen und ‚Think-Tank' für den Markt und für Investments von seltenen und klassischen Automobilen. Das Unternehmen hat Maßstäbe entwickelt, mit denen dieses alternative Asset erstmals genau gemessen werden kann. Dabei werden die strengen Methoden der Finanzanalyse benutzt, die bisher nur bei traditionellen Investments eingesetzt wurden.*

HAGI verfügt über eine eigene Datenbasis mit mehreren tausend Modellen, die, angefangen mit dem historischen Neupreis des Wagens, über 100.000 reale Transaktionen weltweit umfasst. Die Daten werden täglich aktualisiert und hauptsächlich aus vier Quellen generiert: Aus privaten

◀ Selbst wenn die Index-Fieberkurve auch für diesen Alfa Romeo 6 C Gran Sport Zagato aus dem Jahre 1930 rot leuchtet – rote Zahlen hat mit dem Prachtwagen wohl noch niemand geschrieben.

Nein, das sind keine Fieberkuven. Es sind Versuche, das Marktgeschehen rund um alte Autos grafisch darzustellen. Für Sammler, die ihr Tun auch als Investition sehen, ein wichtiger Weg, sich zu orientieren.

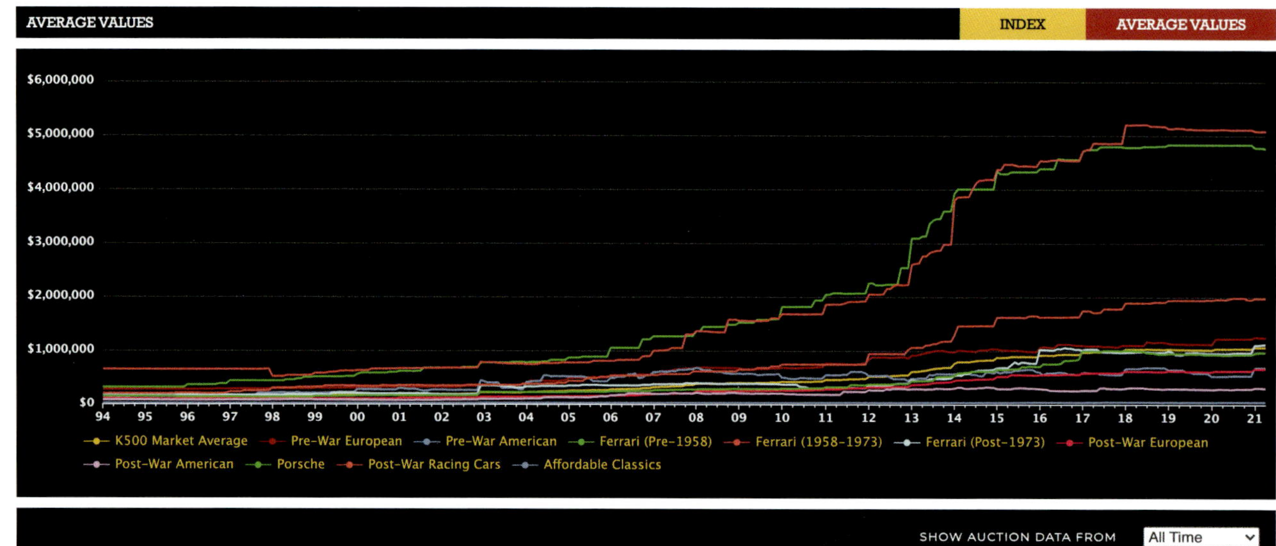

THE INDEX GRAPH: This shows the way prices have evolved since 1994 in the different sectors of the market indexed from a starting point of 100
THE AVERAGE VALUES GRAPH: This shows how average values have evolved in different sectors of the market since 1994

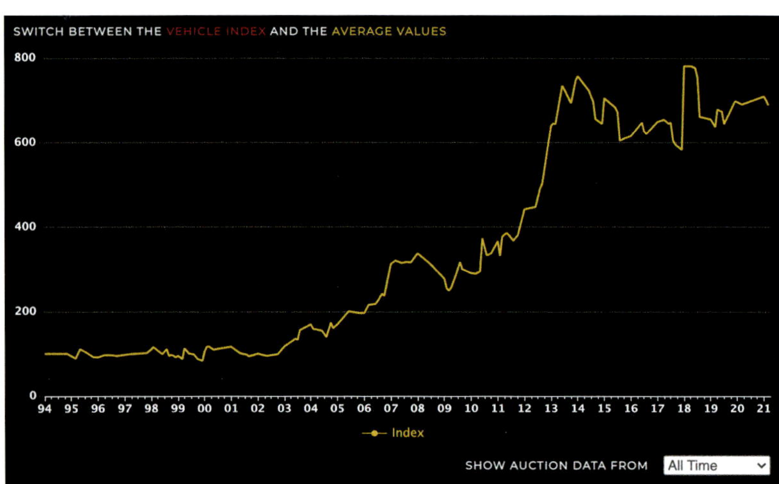

Kontakten, Marken-Spezialisten, Händlern und Auktionsergebnissen.“

Information gibt es in monatlichen Fact-Sheets, die nach den Prinzipien der Börsenindizes aufgebaut sind, angepasst an Charakteristika des speziellen Marktes. Mitglieder bekommen monatlich Zugang zu Grafiken und Tabellen, welche die kurz- und langfristigen Entwicklungen darstellen. Ebenso gibt es einen kurzen Kommentar, der die jüngste Entwicklung darlegt.

Eingeteilt wird hier in sechs Index-Gruppen. Nach dem „Top Index“ für bedeutende Klassiker ohne Markenzuordnung, dem „P-Index“ für rare Porsche-Modelle und dem „F-Index“ (nicht für Fiat, sondern) für Ferraris, findet sich auch der „Top ex P&F Index“, der den Top Index ohne Ferrari und Porsche darstellt. Daneben gibt es noch den „MBCI-Index“ für Mercedes und, seit 2018 auch den „LPS Index“ für Lamborghinis.

… NICHT ZU VERWECHSELN MIT HAGERTY

Die Betreiber dieser Plattform kommen aus der amerikanischen Versicherungswirtschaft.

So beschreiben sie sich selbst: „*Based in Traverse City, Michigan, Hagerty is the world‘s leading insurance provider for classic vehicles and host to the largest network of classic car owners. Hagerty offers insurance for classic cars, trucks etc. Hagerty also provides online valuation tools and publishes Hagerty Price Guides, which are the premier guides for post-war collectible automobiles.*

Hagerty market rating: Rely on the monthly Hagerty Market Rating to accurately measure value trends among classics in North America. Auction results, private sales, expert opinions and overall market activity all factor into the rating.

Valuation tools: The Premier Classic Car Value Guide. Using detailed data and Hagerty expertise, our valuation tools are designed to empower the classic car enthusiast. You will gain a better understanding of changes in the marketplace and how these changes apply to classic car values.”

Bei diesem Anbieter kann man also Durchschnittspreise für ein gewünschtes Auto erhalten, dazu gibt es eine kurze Beschreibung der jeweiligen Modellreihe oder auch des einzelnen Fahrzeugtyps. Zusätzlich werden Preisentwicklungen von Hersteller-Gruppen zugeordnet z.B. nach Nationalität oder Geografie zusammengefasst und grafisch dargestellt.

Hagerty publiziert auch eine spezielle Grafik, die ähnlich einem Drehzahlmesser mit Niedrig- bis Höchstdrehzahl skaliert ist. Ihre Bereiche gehen von under-valued, also: zu preiswert über

▶ Schweizer Sonderkarosse (Graber/Wichtal) auf Mailänder Rasseauto (Alfa 6 C 2500 S) verleiht seinem Liebhaberwert Flügel.

MILANO

RM
RM AUCTIONS

expanding market, einem sich ausweitenden Markt, bis in den rot gekennzeichneten Balken superheated, also überhitzt. Hier will man die Situation des Marktes auf einen Blick erkennbar machen.

SIMON KIDSTON: K500

Kidston ist eine zentrale Figur im internationalen Oldtimerbusiness. Moderator, Sammler und auch Broker – manchmal Vermittler, manchmal Händler. Auch seine Firma gibt einen Index heraus, den K500.

Auch hier wieder die Selbstbeschreibung: "*The most accurate guide to appreciating the world of classic cars, written by experts, for collectors and enthusiasts. The K500 Index charts the overall course of the classic car market since 1994. You can access data in each sector to establish exactly which types of cars have done well.*

The Index and Average Values graphing has been put together by a combination of classic car expertise and financial experience. We have brought in (London) City specialists and deployed their proficiency in statistical analysis with our inside knowledge of the market. Data in the K500 is taken from some 30.000 constantly growing auction results from over two decades of sales. We use verifiable saleroom transactions, rather than rumored private deals, to ensure transparent, unbiased market data.

Every K500 car also has its own Index value shown on a separate graph that can be switched between Index and Average Values view. The overall K500 Index is calculated by averaging the monthly market sector indices from 1994 to present. Average Values are calculated the same way."

Sofern man eine entsprechende Mitgliedschaft gezeichnet hat, erhält man Informationen sowie Diagramme mit einer Darstellung der Entwicklung von Preisen des jeweiligen Wunschautos. Ergänzt mit entsprechenden Punkten auf einer Grafik, die die bekannt gewordenen Verkäufe, das jeweilige Datum und auch den erzielten Erlös darstellen. Ebenso kann eine Wert-Entwicklung mehrerer Fahrzeuge gegeneinander in Kurven dargestellt werden – sozusagen im direkten „Preiskampf". Ist besonders für Investoren interessant.

Wozu man diese Marktbeobachtungen benötigt? Sicher einmal, wenn jemand in Oldtimer investieren will, oder auch vor der Entscheidung steht, ob behalten oder verkaufen? Dann, wenn es ums Versichern geht, aber auch, wenn jemand ein Auto besitzt und für sich und seine Freunde wissen will, wie sich dessen Marktwert entwickelt hat. Und das möglichst neutral dargelegt haben will.

Eine immer wieder auftauchende Frage ist, wie sich die Preise angesichts der Covid-Pandemie verändert hätten. Meiner Meinung nach nur sehr gering. Nachdem bis 2016 eine sehr rasche Steigerung allseits zu verzeichnen war, sind alle Kurven abgeflacht, und man könnte sagen, dass eine Seitwärtsbewegung eingeleitet wurde. Und die hat sich längerfristig – trotz oder – wegen Covid kam verändert. Massenmodelle wurden etwas billiger, sehr gute und sehr rare Automobile hingegen sogar teurer. So auch Dieter Hatlapa, Herausgeber des HAGI-Index: „*Selbstverständlich hat der Markt auch unter der Pandemie gelitten, zumindest in der Anfangsphase 2020. Inzwischen sehen wir wieder festere Preise aber nur in den allerbesten Fahrzeugen. Einige Supersportwagen der 80er- bis frühen 2000er-Jahre waren dann [speziell] im Fokus. Wir würden uns nicht wundern, wenn sich dieser Trend auch in den kommenden Jahren weiter fortsetzen würde.*"

Kunst oder Scheunenfund? Bei RM in Paris wurde dieses Überbleibsel eines Ferrari 750 Monza ausgestellt. Soll man so etwas restaurieren, oder als Kunst an die Wand hängen? Einen hohen Wert hat es allemal.

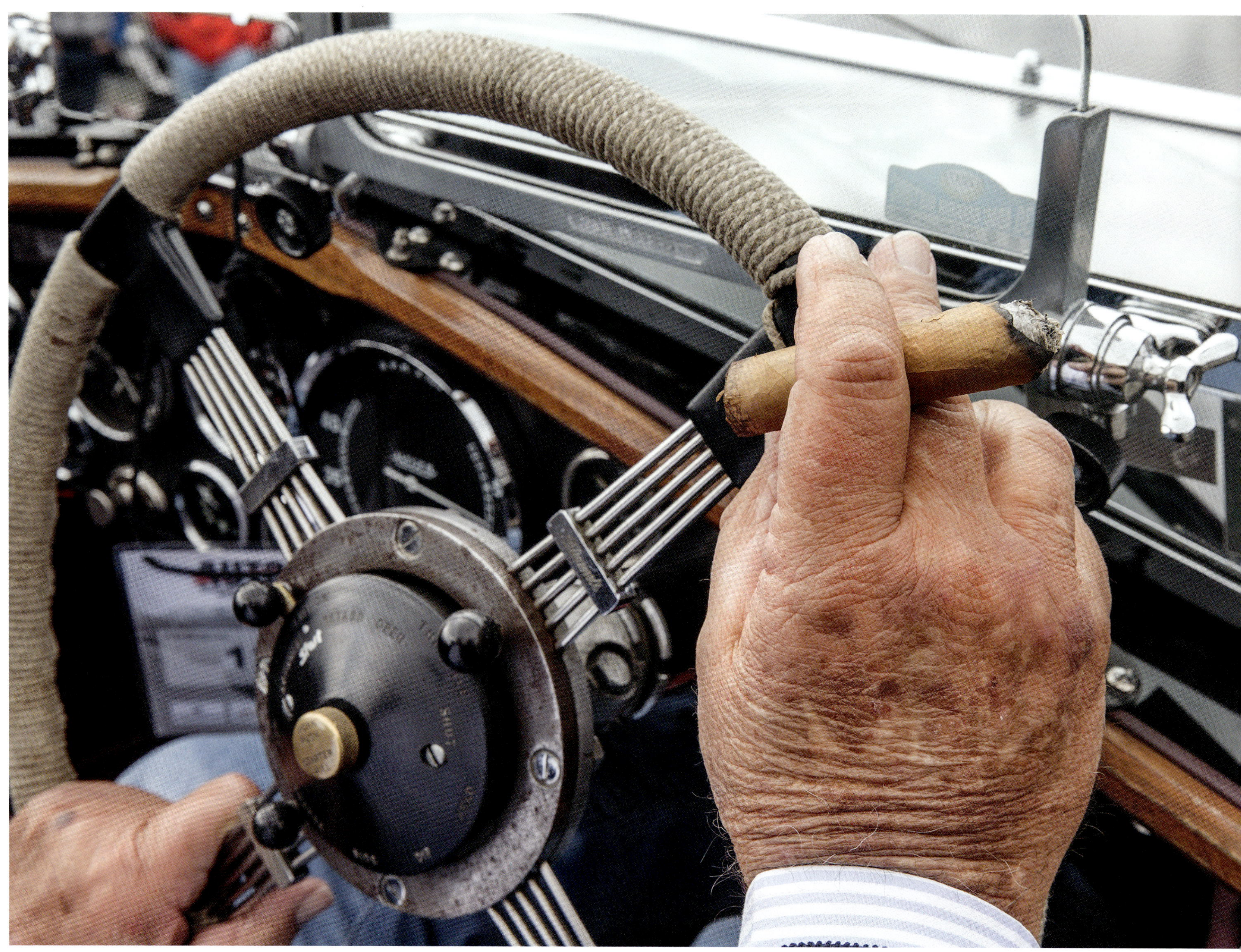

Oldtimer-Investment – oder: *„DAX oder DOX“ - das ist hier die Frage*

Bernd Pischetsrieder, ehemaliger Vorstandsvorsitzender von BMW und VW, zur Preisentwicklung in nie gesehene Höhen: *„Ja also, das gibt´s ja nicht zum ersten Mal. Die Leute haben jedes Mal gesagt, diesmal ist es anders. Diesmal sagen die Leute ebenfalls: diesmal es ist anders. Es sind natürlich verschiedene Dinge anders, weil der letzte große Boom war zum nicht unerheblichen Teil fremdfinanziert. Der jetzige Boom ist eher ein Geldanlage-Boom, aber das wird am Prinzip nichts ändern, dass die Menschen, die nicht die alten Autos um der alten Autos willen kaufen, diese in dem Moment wieder verkaufen werden, wo es halt andere Geldanlagen gibt. Man muss auch dazu sagen, dass Fahrzeuge in der 100.000 bis 200.000 Euro-Preisklasse als Geldanlage ohnehin nicht taugen, weil Unterhaltungskosten, Steuer, Versicherung in Relation zum Preis zu hoch sind, dass die Wertsteigerung schon sehr, sehr hoch sein müsste um allein das zu kompensieren. Die Autos, die wirklich teuer sind, sind ihr Geld auch nur dann wert, wenn das Modell eben selten ist. Es gibt halt Modelle, wie bei der Auktion da drüben (gemeint war Sotheby's in der Villa d'Erba am vorigen Tag), da gibt's vierstellige Stückzahlen davon und die kosten sechsstellige oder siebenstellige Summen. Das wird sich niemals halten. Ausgeschlossen“.*

Karl-Friedrich Scheuffele von Chopard zur Preisentwicklung: *“The prices for these cars have gone up crazily the past couple of years. I think it is a bit of speculative bubble, because a number of people who don't really care about cars have gone into the field and have bought cars basically to place their money. But actually I am not worried about it, because I think we will find back to the real value within whatever timeframe.”*

Jo Ramirez, ex-McLaren Team-Supremo: *“It's something crazy. They cannot stay there all the time. I mean, a lovely car which is still affordable is the Alfa Romeo Giulietta of the 60s. They are lovely cars as well and they are still holding the price but not silly.”*

Sir Stirling Moss über die Preise: *“They must go up, because obviously every year a certain amount of cars are getting broken or burnt or something. The market is big, because of the value of these vehicles. Moreover, there are not so many vehicles. Every year a certain amount of these vehicles turn historic and they are gone.”*

Sigfried Wolf, Vorsitzender von Russian Machines zum Preisthema: *„Für besonders selektive Modelle wird der Preis sicherlich nach oben gehen. Man muss nur aufpassen, es werden leider auch viele Schrottkarren verkauft, Wagen die nicht optimal gerichtet oder präpariert sind.“*

Deutscher-Oldtimer-Index

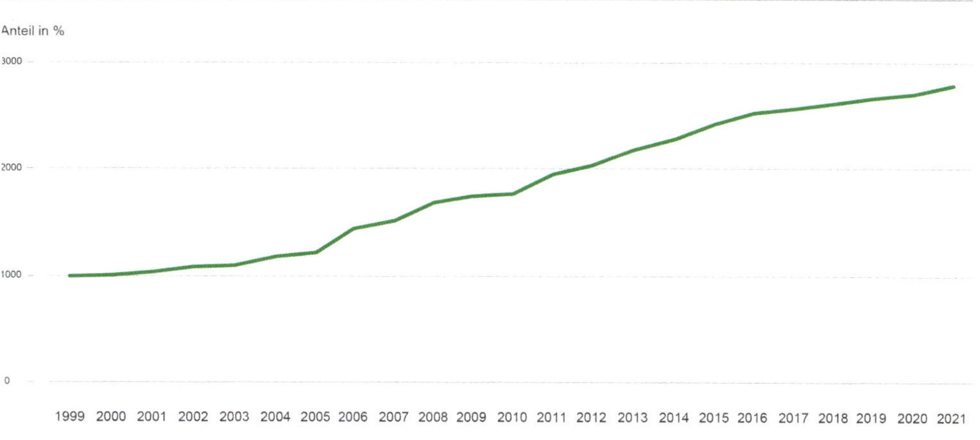

Der DAX ist jenes Börsenverzeichnis, in das die 30 größten und umsatzstärksten deutschen Aktien (Blue Chips) eingetragen werden (Gabler Wirtschaftslexikon). Der DOX ist die Darstellung der Wertentwicklung von 88 Oldtimern aus sieben Ländern, herausgegeben vom Verband der Automobilindustrie Deutschlands, dem VDA.

Geht man ausschließlich nach der Performance dieser beiden Indizes, zeigt sich, dass die Wertentwicklung von Oldtimern über die letzten 35 Jahre eine deutlich bessere war als jene der Aktien. Nur darf nicht vergessen werden: Aktien kann man einfach liegen lassen, muss sich um sie nicht kümmern und man bekommt normalerweise auch noch eine Dividende.

◀ *Hey big spender*
The minute you walked in the joint
I could see you were a man
of distinction
A real big spender
Good lookin' so refined
Say, wouldn't you like to know
what's goin' on in my mind?
So let me get right to the point
I don't pop my cork for every
man I see
Hey big spender,
Spend a little time with me

Shirley Bassey 1967

Das klassische Automobil aber benötigt Zuwendungen: Platz, Service, Pflege, Reparaturen, Steuern, Versicherung und Bewegung. Dafür gewinnt man mit dem Oldtimer: Reputation, Freude am Fahren, Gesellschaft, Aufmerksamkeit, Sozialprestige, auch positive Emotionen rundum. Vielleicht auch Entschleunigung, doch wenn gewünscht Wettkampf. Inkludiert sind auch die Eintrittskarte in Clubs und zu Veranstaltungen.

Lohnt es sich daher automatisch, sein Geld in klassische Autos zu investieren? Es kommt wohl auf Verschiedenes an. Etwa ob man nur in Oldtimer investiert? Ob man gut beraten wurde? Und um welche Oldtimer es sich handelt.

Vielleicht sollten wir alle den Empfehlungen eines der erfolgreichsten Investoren auf diesem Gebiet folgen. Lord Irvine Laidlow: "*Buy the car that you love. Do not buy for investment. It may be a good investment; they have been very recently a very good investment. However, that is not why you should buy it. Buy the car that you can go out and you can stroke.*"

Seine Lordschaft glaubt wohl nicht, dass wir alle auf seinem Niveau mithalten können, aber er muss es für sich wohl richtig gefühlt haben; als er 2005 seinen Ferrari 250 GTO kaufte, mit dem er oft auch lange Regularities fährt, da schüttelten alle den Kopf, weil er kolportierte fünf Millionen ausgab. Seither vervielfachte sich sein Wert und der 1962er GTO blieb eines der teuersten Fahrzeuge überhaupt.

> Die meiner Ansicht nach richtige Antwort auf die Frage, ob eine Investition in den DOX, also in Oldtimer besser wäre als in den DAX, also Aktien, lautet daher: Im Prinzip ja, aber …

Die Technik von zwölf Zylindern ist Dr. Mario Theissen bestens vertraut - über weitere Preissteigerungen des Ferrari 355 Sport (1958) kann aber auch er sicher nur mutmaßen.

▲ Manchmal ist ein Rolls nicht Royce genug. Der Maharadscha rief nach Gold für seinen Phantom von 1929, und die damaligen Kolonialherren lieferten.

◀ Bisweilen hilft beim Auto-Investment nur noch beten.

ALFA-ROMEO
MILANO

Ferrari

Monza

ITALA
63 2137

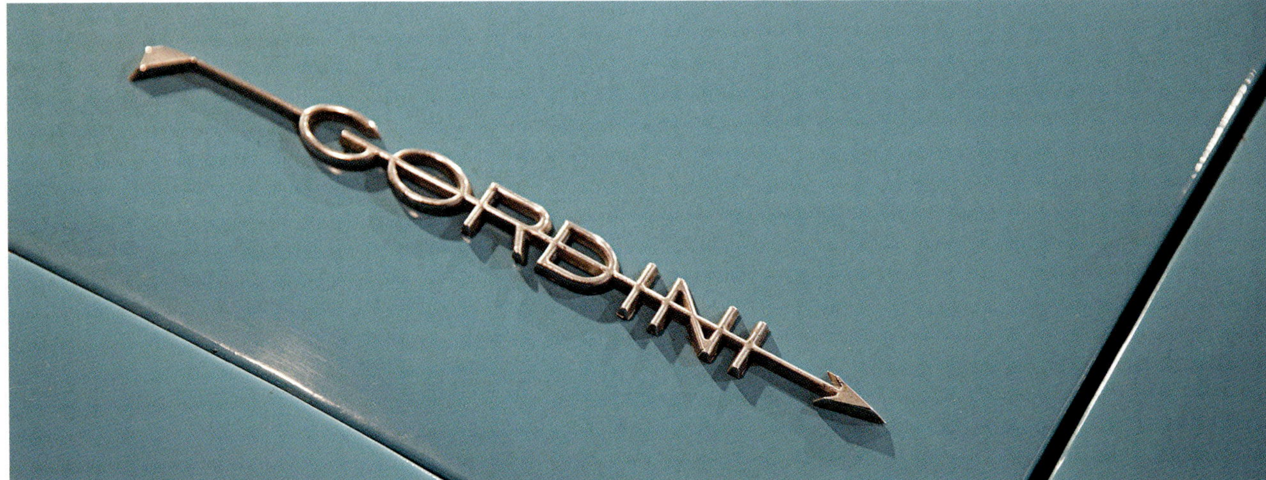
GORDINI

Superleggera

OPEL

Panhard

Alfa Romeo

300
BMW
Isetta

230 SL

S
AUSTIN COOPER

Peugeot
402

SINGER

panhard

Talbot
4 Litres

Beginn der Beziehungskiste: Von Hoffnungen, vom Glück und der Enttäuschung

Oldtimer und Kauf – oder: *Gefährliche Liebschaften*

Man glaubt, sich einen Traum erfüllt zu haben. Doch was ist, wenn man reinfiel, wenn aus dem Traum ein Albtraum wird? Denn nicht jeder Oldtimerkauf ist auch der Beginn einer glücklichen Beziehung.

„Ich glaub', wenn er [der Käufer] ein solches Modell noch nicht hat, dann muss er sich irgendeinen Freund suchen, der schon eine gewisse Erfahrung mitbringt, damit er nicht auch Lehrgeld bezahlt, wie wir es fast alle schon einmal getan haben. Er muss sich überlegen: Was will ich? Was will ich ausgeben? Wenn Du Dir irgendeinen Wagen kaufst, der kostet zum Beispiel 30.000 Euro, das kann schon ein ganz wunderbarer Oldtimer sein; dann kommt aber jemand anderer und sagt ihm: „Das ist a Schubkarren. Ein Oldtimer ist für mich ein Aston Martin." Der kostet dich dann 300.000 Euro. Da muss einfach vollkommen klar sein, was das Geldbörsel zulässt. Aber jedes dieser Autos hat absolut seinen Reiz, da bin ich fest davon überzeugt."

Walter Röhrl

„Da ist sicher am besten, man macht sich mal schlau mit einer Klassik-Zeitung, sodass man ein biss'l ein G'spür kriegt. Oder besucht Klassik-Ausstellungen. Und vor allem muss man Fachleute fragen. Nicht einen nur angeblich schönen Wagen kaufen! Wenn Du da nicht genau hinschaust, dann hat der vielleicht schon drei Unfälle gehabt, ist also bloß z'sammengeschustert."

Dr. Wolfgang Porsche

„Auto kaufen? Unbedingt einen Spezialisten mitnehmen!"

Seine Königliche Hoheit Prinz Poldi von Bayern

"I would prefer to buy right from the owner."

Patrick Dempsey "Dr. Neurochirurg" und Oldtimer-Fan

"Genuine cars, original cars, cars that mean something to their brand and to their period, but more importantly cars that relate to me and to the attachment I have to that particular model."

Tarek Mahmoud

"I'd want to buy an old car that when it was new was good. I would not personally purchase any car unless it handles nicely."

Sir Stirling Moss

"Well, the best way probably is to buy a car and restore it. From nothing. It's great satisfaction."

Joe Ramirez

"Go and hire a car for a day or two. Because you cannot assess a classic on paper. I would not go on maximum power or maximum speed or the cheapest possibility or the car you think might

Schön verpackt ist oft gefährlich. Vor Enttäuschungen bewahren fachlicher Beistand, gutes Gespür und ein langer Atem

increase in price. If it says this is the weight, that is the length, that is the power and that is the price. Feel it. It's like if you meet a nice girl. First you look from a long distance and you say: ‚Oh, what a beautiful lady', and the moment when you hear her voice, maybe the illusion dies.“

Rallye-Professor Rauno Aaltonen

In all diesen Zitaten steht bereits, was dem Glück potenziell im Weg steht. Egal, auf welchem Wege man sein klassisches Auto ersteht, ob von privat, von einem Händler oder vielleicht bei einer Auktion: Gewisse Dinge sind immer gleich. Die Investition in einen Oldtimer ist viel mehr als ein bloßer (und mitunter kostspieliger) Kauf.

Man kann wohlüberlegt kaufen oder auch spontan. Bei letzterem ist definitiv das Risiko größer. Vielleicht aber auch die Zufriedenheit, wenn man Glück hatte?

WAS KANN MAN GENERELL FESTSTELLEN? UND WAS TUN?

Ja, der Oldtimermarkt ist ein seltsamer Markt, es gibt manche Gewissheit, etwa, dass Cabrios teurer sind als Limousinen und Coupés. Und es gibt sofort die Ausnahmen: Rar und ganz besonders teuer ist etwa der Mercedes 300 SL, das ist der mit den Flügeltüren. Originalität geht immer vor Restauration. Je weniger Kilometer der Oldie hat, desto besser, und hoffentlich gibt es für diesen Tachostand auch einen Nachweis. Je geringer die Stückzahl eines Modells war, desto relativ höher ist sein Wert. Es gibt aber Autos, von denen es heute mehr gibt, als ursprünglich die Fabrik verlassen hatten. Ein Schelm, wer dabei Schlimmes denkt. Bestimmte Farben können den Preis beeinflussen, ebenso die Ausstattung des Traumfahrzeugs. Wenn man Experten zuzieht, minimiert das das Risiko und meist auch die Kosten, denn Fachleute sehen viel mehr Mängel als am Kauf interessierte Laien. Und das mindert in der Regel den Preis, manchmal sogar deutlich.

Die Beschreibungen und Wertungen der Verkäufer sollte man nicht für bare Münze nehmen, Verkäufer können einfach nicht objektiv sein, sie wollen ja verkaufen! Es hilft, wenn man ganz viele Fragen stellen kann. Der Verkäufer kann nicht auf jede eine vorbereitete Antwort haben. Und wenn es irgend möglich ist: heute anschauen, morgen kaufen. Zumindest ein Mal drüber schlafen!

Wer das Risiko minimieren will, reinzufallen, der holt sich Rat und Hilfe. Organisationen wie ADAC, ÖAMTC, ARBÖ, der Touring Club Suisse und viele andere kommen hierfür in Frage. Auch Fachwerkstätten können das Objekt der Begierde auf Herz und Nieren prüfen.

Klug ist, wer seine eigenen Wünsche wirklich kennt. Und die des Partners!

Ein Kauf gegen den Willen von Partnern (wie man sieht, eiere ich herum ob sie kauft, oder er) kann zu elenden Streitereien führen. Auch die Frage, soll es ein Cabrio werden, ein Coupé oder eine Limousine ist nicht zu vernachlässigen, denn ihre Verwendung kann durchaus unterschiedlich sein. Aber auch: Wofür will ich den Oldie einsetzen? Als Gebrauchsfahrzeug, als Untersatz für diverse Veranstaltungen oder als Rennwagen? Oder vielleicht überhaupt nur zum Herzeigen?

UND WEISE IST, WER ALLE UMSTÄNDE BEDENKT

Das Zauberwort ist Recherche: Erfahren Sie möglichst viel über Ihr Wunschmodell. Erfahren Sie möglichst viel über den Verkäufer. Auch da tut man sich heute mit den Möglichkeiten des Internets leichter als früher. Setzen Sie sich ein finanzielles Limit!

Und dann kommt der Kauf selbst! Widerstehen Sie jedem Druck zur schnellen Entscheidung. Und ganz wichtig: Die Geschichte des Wagens vorlegen lassen und mit Dokumenten gegenprüfen. Lücken im Lebenslauf sind immens gefährlich.

Später, am Objekt Fahrgestell- und Motor-Nummer checken. Vor allem die Fahrgestell nummer (VIN), denn die ist das A und O des Wagens. Sie muss in einen tragenden oder zumindest eingeschweißten Teil eingeschlagen sein, und nicht nur auf einem Täfelchen irgendwo aufgenietet. Es gibt nur ganz, ganz wenige Ausnahmen, wo der Wagen auch ohne VIN „echt“ ist. Bei der Motornummer ist es meist ähnlich, aber vor allem Amis haben oft keine, dann zählt die Gussnummer, die über das Aggregat Auskunft geben kann. Daneben gibt es aber meist Getriebe- oder Achs-Nummer, die das Identifizieren erleichtern

▶▲ Manchmal bleiben Interessenten aus, selbst wenn ein toller Ferrari auf den Markt kommt. Zugegeben – oft kommt das nicht vor.

▶ Zwei schwere Jungs für einen schwierigen Job. Checken des Eisenherzens von einem DeSoto Stock-Car 1951. Detailwissen gefragt.

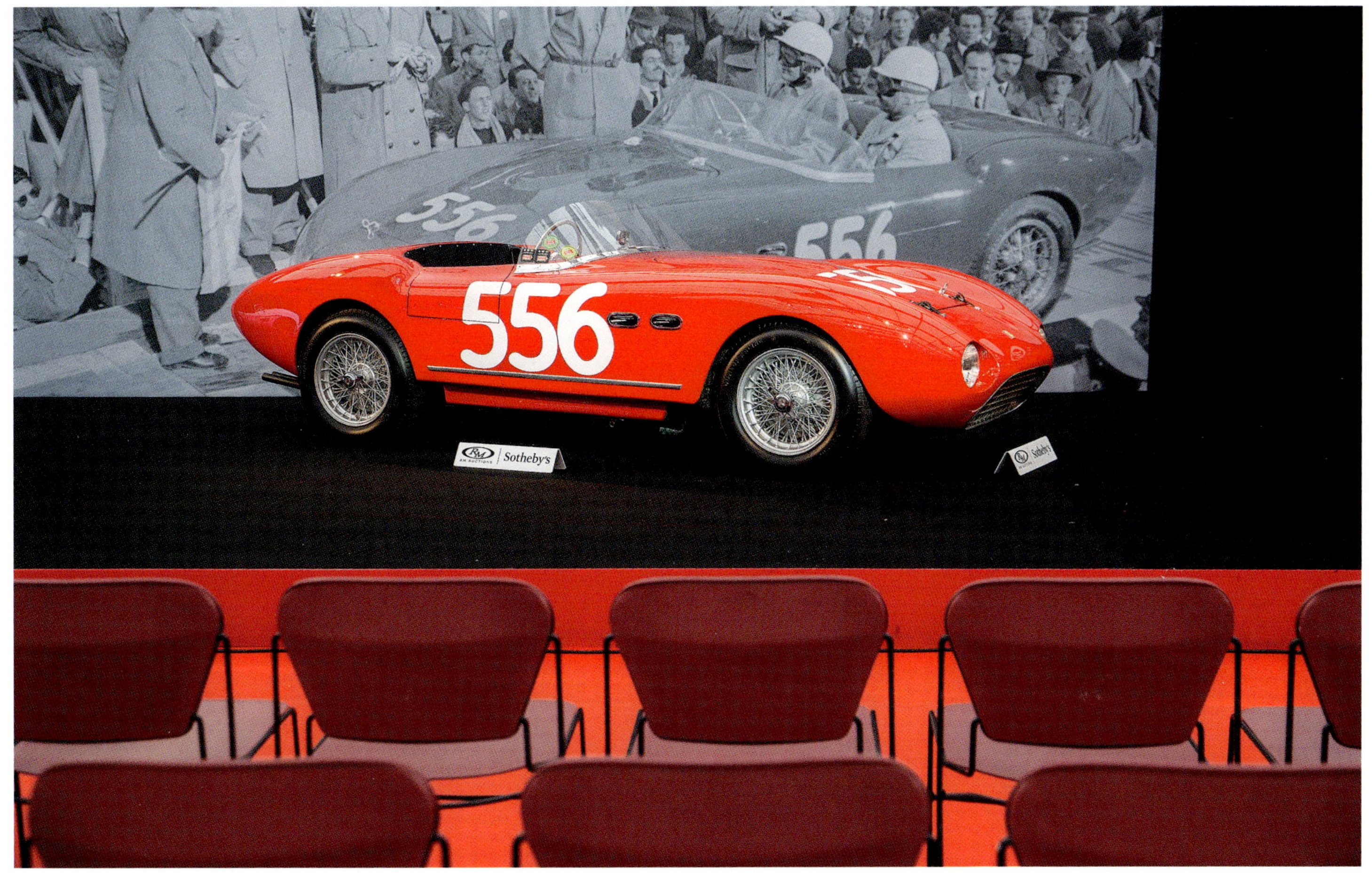
556
Sotheby's

Herbstliche Farben, tiefe Sonne, ein wunderbarer Sound … Emotionen sind toll, aber beim Kauf hinderlich. All zu leicht kann man dabei geblendet werden.

können. Auch Türen, Hauben, Deckel sind oft mit den letzten drei bis fünf Zahlen der Seriennummer (VIN) versehen. Und da Sie sich ja vorbereitet haben, wissen Sie genau, wo das alles zu finden ist, und haben sich das ja auch in Ihrer Checkliste vermerkt. Der Verkäufer wird beeindruckt sein.

Den Tachostand muss man auch vor Ort checken und abwägen, ob dieser mit den Abnutzungsspuren übereinstimmen kann; beispielsweise am Fahrersitz, den Pedalen, am Blinker-Hebel, am Schaltknauf oder auch beim Reserverad. Tacho-Tuning ist bei den meisten alten Modellen noch recht einfach – eine Handbohrmaschine ein paar Tage laufen gelassen bringt diese zwar um, aber deutliche „Laufleistungsreduktionen" des Prachtstückes zustande …

Gehen Sie öfter ums Auto herum, lassen Sie es „wirken". Dabei die Tür- und die Haubenspalte auf ihre Parallelität ansehen und auch, ob alle Teile bündig schließen. Beim Öffnen und Schließen nicht nur auf die Funktion, sondern ganz besonders auch auf das Geräusch achten; wenn es rechts und links verschieden klingt, deutet dies zumindest auf eine Reparatur hin. Nicht nur ansehen, sondern Abtasten sollte man die Lackoberfläche, mit den Fingerspitzen, besser noch mit den Fingernägeln, ganz sanft, denn damit kann man Zehntel von Millimeter erfühlen.

Wenn Sie sich nicht gleich zum Kauf entschließen (oder entschlossen werden), dann Fotos machen, von allen zugänglichen Details. Es ist oft verwunderlich, was man später alles am Bildschirm erkennt. Selbst ich als Gutachter, der Expertisen von hunderten von Autos gemacht hat, wundere mich dann manchmal, was ich an Ort und Stelle alles nicht gesehen habe.

Und nochmals: niemals unter Druck setzen lassen!

Rost am Auto bedeutet immer Gefahr, eine frische Lackierung aber mitunter ebenfalls … Wenn der Wagen restauriert, oder zumindest gröber repariert wurde, so sollte der Verkäufer immer Bilder der Arbeiten haben, vom Zustand vorher, dazwischen und nachher. Keine Bilder bedeuten höchste Warnstufe!

Vom Verkäufer sollte man sich umfassend die Bedienung demonstrieren lassen. Cabrio-Verdeck oder Targa-Dach sind unbedingt selber komplett zu öffnen und zu schließen, aber auch sonstige Fahrzeug-Eigenheiten kommen hier oft zum Vorschein.

Wenn es geht, sollte man das Auto auf eine Hebebühne stellen lassen und so gut wie möglich von unten überprüfen. Taschenlampe mitnehmen lohnt sich, auch einen großen Schraubenzieher. Und auch dort sollte man fotografieren, fotografieren, fotografieren.

Und schlussendlich sollte man eine ausgiebige Probefahrt machen. Und dabei (auch) unbedingt selbst fahren. Selbst starten etc.

Und hier das Mantra: Niemals unter Druck setzen lassen.

Oldtimerkauf ist (auch) Glücksache. Aber wenn es schiefgeht, ist meist der Käufer mit schuld. Oder überhaupt schuld an der Misere. „Drum prüfe, wer sich ewig bindet.", sagte schon Friedrich Schiller. Und es gibt, anders als bei der Partnerwahl, tüchtige Experten, die helfen, die raten können. Und manchmal abraten werden. Das kann weh tun, aber lieber eine Enttäuschung jetzt als eine fortwährende.

Seit das Museo Storico Alfa Romeo in Arese zum nationalen Kulturgut erklärt wurde, ist dieser Alfa Romeo P2 von 1925 noch unverkäuflicher als zuvor.

Oldtimer und die größten Irrtümer beim Kauf – oder: *Overconfidence*

Abgesehen von allen rationalen Fehleinschätzungen ist wohl jener der Folgenschwerste: „*Meine Frau (mein Mann) hat sicher nichts dagegen.*“ Wenn Sie sich da nur nicht täuschen! Oft unterschätzt man aber auch die Streiche, die einem das Gehirn spielt, wenn es einen glauben lässt: „*Ich kaufe nur sachlich begründet*“ oder: „*Ich entscheide rational*“. Ich kenne fast niemanden, der sich der emotionalen Wirkung eines Oldtimers entziehen kann. Und „Bauchentscheidungen“ müssen keineswegs zwangsläufig falsch sein, aber eben auch nicht richtig.

> Oldtimer-Kauf ist meist etwas sehr Emotionales. Und das ist gut so. Dennoch: Der Verstand, das Bescheidwissen, die intensive Suche nach „Wahrheit“ gehören auch dazu.

VOM WERT. WELCHER WERT?

Leicht verwechselt wird der subjektive und der objektive Wert. „*Der Wagen ist dieses Geld wert*“, denkt, nein, fühlt man gerne. Falsch! MIR ist der Wagen das wert. Jetzt, hier und heute bin ich bereit, so viel Geld auszugeben.

„*Das Auto sieht genauso aus, wie es gehört*“, ruft nicht nur der Verkäufer, auch das limbische System im Kopf, das uns danach verlangen lässt, genau diesen Wagen zu kaufen. In kaum einem anderen Bereich wird so viel vorgegaukelt wie bei Oldtimern. Vermutlich ist da nur der im Kunsthandel schlimmer, wo man davon spricht, dass 30 bis 35 Prozent aller Meisterwerke gefälscht seien. Hohe Preise erzeugen eben auch viel kriminelle Energie!

GANZ SCHNELL ZUSCHLAGEN TUT SELTEN GUT

„*Wenn ich ihn jetzt nicht kaufe ist er weg.*“ Soll schon vorgekommen sein. Aber nie so oft, wie es die Verkäufer vortäuschen. Und was heute weg ist, kann übermorgen schon wieder zurückgekommen sein …

Schon Brecht sagte: Denn für dieses Leben ist der Mensch nicht schlau genug …

„*Ich weiß alles über den Wagen*“ und „*Die vorgelegten Dokumente reichen sicher aus*“. Schön, wenn es so ist. Speziell bei älteren Modellen ist es oft sehr schwierig, historische Lücken zu füllen. Vieles basiert auf Vermutungen, oft nur auf Erzählungen. Mit allen Dokumenten, ganz besonders, wenn es sich um Kopien handelt, ist allergrößte Vorsicht geboten. FIVA-Pässe werden leider ab und zu gefälscht oder manchmal auch von etwas weniger Kundigen ausgestellt. Club-Verantwortliche wissen sehr viel, aber nicht immer alles. Selbst die Aussagen von Autowerken können manchmal schlicht falsch sein. Die Autos sind ja mitunter älter als die Angestellten.

„*Alles steht doch in Magazinen, Büchern, Internet*“. Falsch! Denn manchmal sind Artikel nicht sooooo gut recherchiert; verzeihen Sie den Journalisten, sie stehen oft unter fürchterlichem Zeitdruck. Bücher können auch irren, speziell dann, wenn die eigentlich notwendige Originalliteratur vernichtet wurde – etwa im Zweiten Weltkrieg. Ja, das Internet ist hilfreich, aber es unterliegt so gut wie nie dem Zwang, den Wahrheitsbeweis antreten zu müssen.

Soll ich – oder soll ich nicht? Das Einholen einer zweiten Meinung ist ratsam, einer dritten vielleicht zuviel. Wie dem auch sei. Die beiden sind auf jeden Fall stilgerecht gekleidet. Gerade in Großbritannien sind viele Oldtimer-Events auch Gelegenheit, der Lust am „enacting“ zu folgen.

Wissensbeschaffung im Internet ist toll, der Kauf dort jedoch ein erhebliches Risiko. Entfernung und Einstellung, Gesetz und Moral sind häufig sehr unterschiedlich, so dass ein Kauf mitunter im Desaster endet. Die angefragten Preise sind eine gute Information, sehr oft aber eher Wunschvorstellung denn marktüblich. Mein Tipp: Informationen aus dem Netz, Kauf aber besser von Angesicht zu Angesicht.

Meist unterschätzt sind Pflege/Wartung/ Unterstand: *„Ich kann mir alles selber machen. Und für dieses Auto findet sich immer Platz"*. Wahr hingegen ist, dass man sich nie einen Oldtimer kaufen sollte, wenn man keine entsprechende Werkstatt zur Hand hat oder zumindest einen fähigen Schrauber kennt. Denn Hand aufs Herz: Können Sie wirklich alles selbst?

Und, der nach einer möglichen Fehlinterpretation der partnerschaftlichen Zustimmung vermutlich nächst folgenschwerste Irrtum, die Selbstüberschätzung. *„Ich kenn mich aus. Außerdem kann ich mich wehren."* Diese Einstellung führt häufig dazu, dass man später bei Gericht doch einen Gutachter braucht.

Seit mehr als 35 Jahren beschäftige ich mich mit Oldtimern und überrasche mich immer wieder dabei, was ich alles nicht weiß!

▶▶ Wenn Sie irgendetwas über Ihren Traumwagen oder Veranstaltungen wissen wollen - „hier werden Sie geholfen". www.zwischengas.com

▶ Fein, wenn man einen Unterstand für seine Preziosen hat - er muss ja nicht ganz so geräumig sein. Aber trocken! Mercedes Benz Proton-Manufaktur, München

zwischengas.com
Fahrzeuge & Technik
Veranstaltungen & Clubs
Markt
Historischer Rennsport
Blog, Quiz, Neuigkeiten
Über Zwischengas
Fahrzeuginserate
Teile-Inserate
Aktuelle Marktpreise
Spezialisten
Versteigerungen
Auktions-Datenbank
Neupreis-Listen
Literatur & Filme
Mediathek
Shop
Premium Mitglied werden
Anmelden / Login:
Benutzername / E-Mail:
Passwort:
Autologin:
Login
Facebook Login
Classic-Gala Schwetzingen
Haben Sie noch keinen Benutzernamen?
Neu registrieren
Suchbegriff eingeben: z.B. BMW 2002
Suchen
Online-Archiv mit 5000+ Artikeln, 500'000+ Fotos, 300'000+ Faksimiles (PDF Scans), 25'000+ technische Daten...
Newsletter abonnieren
Nichts mehr verpassen, jeden Dienstag pünktlich um 6:20 in Ihrer Inbox!
Newsletter abonnieren
Neu auf Zwischengas
Mehr
Auto e Moto d'Epoca am 26. bis 28. Oktober 2018 - erneute Austragung der Erfolgsmesse
10. September 2018
Vom 26. bis 28. Oktober 2018 findet erneut die grösste Messe für Oldtimer-Autos und Oldtimer Ersatzteile in Europa, in Padua, Italien statt. Bereits seit Jahren ist die Messe der wichtigste länderübergreifende Anlass für Autofreunde und Liebhaber der...
Suchen
Kontakt
WERBEPARTNER
kaan
Einfach unglaublich!
10. September 2018

Oldtimer-Händler – oder: *Gefühlsmanager*

Vorsichtig geschätzt, handeln weltweit 14.000 bis 18.000 Händler mit klassischen Automobilen. Sie sind also ein wichtiger Wirtschaftsfaktor, gleichzeitig stark an der Entwicklung der Preise beteiligt.

CLASSIC CARS AND DEALERS?

"*It depends who the dealer is!*"

Patrick Dempsey

Diese eine Zeile gibt sehr gut wieder, worum es bei Oldtimer-Händlern geht: Um Respekt, um sein Renommee und um seine Reputation. Also, ums Vertrauen. Im Gegensatz zu den „normalen" Gebrauchtwagen-Händlern, die landläufig nicht den besten Ruf haben, schaffen es Oldtimerhändler, deutlich besser abzuschneiden. Wie kommt das?

Im Gegensatz zum Kauf von privat hat man beim Händler ein gewisses Maß an Sicherheit. Denn diese wollen auch morgen noch da sein. Und sie müssen Haftungen übernehmen. Sie leben maßgeblich von ihrer Reputation, denn Oldtimerkäufer kennen sich meist, oder lernen sich kennen. Aber Vorsicht vor Beschreibungen wie: „Owners condition" oder „it is said to be" …

Vielleicht, weil diese Händler mit emotional hoch aufgeladenen Fahrzeugen handeln, die als Ware selbst schon einen gewissen Charme haben. Vielleicht auch, weil sie sehr oft mit Ware zu tun haben, die ihnen nicht selbst gehört. Vielmehr handeln sie oft mit schönen Automobilen, welche die hochherrschaftlichen Eigner nicht selbst verkaufen wollen. Um sich nicht in die Niederungen mit Kreti und Pleti begeben zu müssen, die Scheiben betatschen und Reifen treten. „Tyre kickers" wie die Engländer sagen. Ein weiterer Grund liegt sicher darin, dass bei diesem Geschäft ein großes Maß an Diskretion angebracht ist.

GUTE OLDTIMER-HÄNDLER LEISTEN MITUNTER ERSTAUNLICHES

Klassiker-Händler müssen sich mit der Historie einer Marke und eines Modells beschäftigen. Sie müssen in der Lage sein, fernab von Hubraum und Leistung fundiert Auskunft zu geben über geschichtliche Fakten von Relevanz, vom Hersteller, von seinen Rennerfolgen und von großen Dramen. Sie erforschen unter anderem die Vorgeschichte der ihnen anvertrauten Fahrzeuge. Dazu verfügen sie oft über ein großes Archiv, das sie aufgebaut haben. Sie sammeln Literatur zum Thema. Preise von vergleichbaren Wagen bei Versteigerungen oder Messen müssen diese Fachleute sowieso im Kopf haben.

Dieses Fachwissen und das Netzwerk an Werkstätten und Schraubergenies sind nötig, um die Automobile gut aufzubereiten (und manchmal obendrein zu „schminken"). Der Oldtimer ist dann in gutem Zustand sowie fahrbereit. Und die Hürden der Zulassung wird er vermutlich leicht überspringen.

Nicht selten entsteht ein Nahverhältnis zwischen dem guten Händler und dem Kunden – zu beider Vorteil.

▶▲ Der Stand von Lukas Hüni, Zürich/CH mit Blick auf jenen von Axel Schuette, Oerlinghausen/Deutschland auf der Retro Classics Stuttgart/Deutschland

▶ Graber Sportgarage, Toffen/Schweiz und Oldtimer Galerie Toffen. Zweitere sind sowohl Händler als auch ein Auktionshaus.

AXEL SCHUETTE
SCHUETTE FINE CARS
ODS
CARROSSERIE
HK-ENGINEERING

THE AUCTIONEERS
GRABER SPORTGARAGE AG
MOTORWORLD

HÄNDLER UND VERANTWORTUNG

Ja, der Händler steht in der Pflicht, er haftet: für die Korrektheit der Beschreibung des Kaufgegenstandes oder die Darlegung der Historie. Für dessen Zustand und die Gewährleistung. Und auch, selbst wenn es nur so im Inserat oder im Internet angepriesen war, für die Tauglichkeit zu einem gewissen Zweck – z.B. „… geeignet für einen Einsatz bei der Mille Miglia …… “, um nur ein Beispiel zu nennen. Das alles werden Händler nicht so einfach auf die leichte Schulter nehmen. Wer einen wertvollen Oldtimer für meist nicht wenig Geld erwirbt, wird sich nicht scheuen, sich einen Anwalt zu nehmen, der in der Lage wäre, einem zu lässigen Verkäufer das Leben schwer (und teuer) zu machen. Nicht wenige Anwälte fahren selbst Oldtimer – und das kann sich wiederum auf die Höhe ihrer Honorare niederschlagen.

Auch solide Händler müssen vieles im Verborgenen tun - das muss aber nichts Unlauteres sein. Diskretion und ernsthafte Recherche vor einem Kauf oder Verkauf sind unabdingbar.

▶▲ C.F. Mirbach mit Straßenautos der Oberklasse auf der Retro Classics/Stuttgart/Deutschland

▶ Gregor Fiskens hingegen präsentiert Sport- und Rennsportautos der Spitzenklasse, hier auf der Retromobil/Paris/Frankreich

MIRBACH
AUTOMOBILE DIE BEGEISTERN
Mirbach

FISKENS
FINE HISTORIC AUTOMOBILES
TERGAL
9

Schweizer Urgestein der Oldtimerei. Koni Lutziger inmitten seiner Sportgeräte in Bergdietikon/Schweiz

11
21

Oldtimer und Versteigerungen – oder: *Angst vorm Fliegen*

Villa Erba, ein Side-Event zum Concorso d'Eleganza Villa d'Este – die Inszenierung einer Versteigerung:

Die riesigen Tribünen im wunderschönen Park füllen sich langsam. Jüngere und ältere, vornehmlich gut gekleidete Männer, seltener Frauen, suchen einen freien Platz mit Aussicht. Das Pölsterchen auf der Sitzbank liegt bereit und sollte es vom Nachbarn gemopst worden sein, kommt sogleich Nachschub vom aufmerksamen Personal. Nette Musik bleibt leise genug im Hintergrund, so kann man sich ganz gut über die im Katalog beschriebenen Preziosen austauschen. Rechts von den Tribünen ein Bereich, wo sich Telefon an Telefon reiht und vor jedem eine Mitarbeiterin, samt Monitor und freier Sicht auf die gegenüberliegende Bühne. Auf dieser richtet sich der Auktionator ein, es ergehen letzte Kommandos an die Ordner der versteckt aufgereihten Fahrzeuge. Dann legt er los …

Und wie! Man bekommt den Eindruck, er sei viel mehr Entertainer denn Auktionator. Er spricht nicht nur einzelne Besucher per Namen an und das gleich in vier, fünf Sprachen, lobt das Wetter, die Umgebung sowie die Organisation. Er spricht von hervorragenden Ergebnissen vorangegangener Versteigerungen. Er macht Stimmung. Dann lässt er den ersten Wagen vorfahren. Dieser kommt auf dem breiten Weg zwischen der Bühne und der Tribüne zu stehen. Er blitzt und strahlt im Licht der zielgenau eingerichteten Scheinwerfer, die Musik wird noch leiser.

Dafür kommt der Auktionator jetzt so richtig in Form. Wort- und gestenreich unterstreicht er die Vorzüge des Exponates und dessen Vorbesitzer, nennt den Ausrufungspreis: den halben Schätzpreis. Kärtchen mit dreistelligen Nummern, die jeder erhielt, der sich als präsumtiver Steigerer hat eintragen lassen, gehen in die Höhe. Diese Nummer bekam er freilich erst, nachdem er seine Bonität hatte nachweisen können. In rascher Folge steigen die Angebote im Tausender-Takt und etwas später in Fünftausendern. Dann wird es ruhiger, dafür der Auktionator wieder redseliger. Er hat inzwischen zwei oder drei der Kärtchen-Heber im Visier und konzentriert sich ausschließlich auf diese glorreichen Drei. Einer davon ist nur via Telefon anwesend, vertreten von einer Dame, die es bedient.

Langsam kommt die Bieterei wieder in Gang. Auch, weil die mitgereiste Freundesschar des Kärtchen-Inhabers diesen davon überzeugt hat, dass es nur noch ein wenig mehr braucht, bis das Objekt der Begierde seines wäre. Und nachdem es wieder läuft, vor allem aber da eine bestimmte Höhe erreicht ist, geht's nun in Zehntausender-Schritten nach oben. Euro, wohlgemerkt.

Schlussendlich lässt sich das Angebot, trotz höchsten Einsatzes des Mannes mit dem Hammer, nicht mehr steigern. Der Hammer fällt: Zuschlag! Das Publikum sinkt so richtig in sich zusammen, die Luft ist draußen. Die Musik wird wieder lauter. Aber nicht für lange, denn schon baut sich die Spannung wieder auf. Bei leiser werdendem Hintergrund fährt das nächste Exponat vor. Womöglich noch toller als das Vorhergehende.

Richard Kaan

Freilich sind nicht alle Versteigerungen derartige Performances, aber sie sind es in zunehmendem Maße. Riesige Hallen oder Zelte werden mit Auktionsware gefüllt. Oft im Rahmen von bekannten Messen, fast immer aber bei Concours d'Elegances, also diesen wunderbaren automotiven Schönheitsbewerben. Der Aufwand ist gigantisch, so auch die Kosten. Aber es scheint sich zu lohnen, denn die Anzahl der Auktionshäuser wächst.

Neben diesen traditionellen Auktionen, bei denen die Bieter anwesend sind oder zumindest via Telefon mitbieten, gibt es noch Online-Auktionen, beispielsweise auf eBay, und Internet-Auktionen, bei denen Versteigerungen live übers Netz laufen.

Parallel zu diesen auf hohen Profit ausgelegten Versteigerungen gibt es zudem Charity-Auktionen, die meist dann und dort stattfinden, wo sich entsprechendes Publikum tummelt.

Wenn der Hammer fällt und Sie beim Knall die Hand oben hatten, gehört er Ihnen. Ob Sie wollen oder nicht. Plus Auktionsaufgeld, plus Transport, plus Mwst, plus …

23

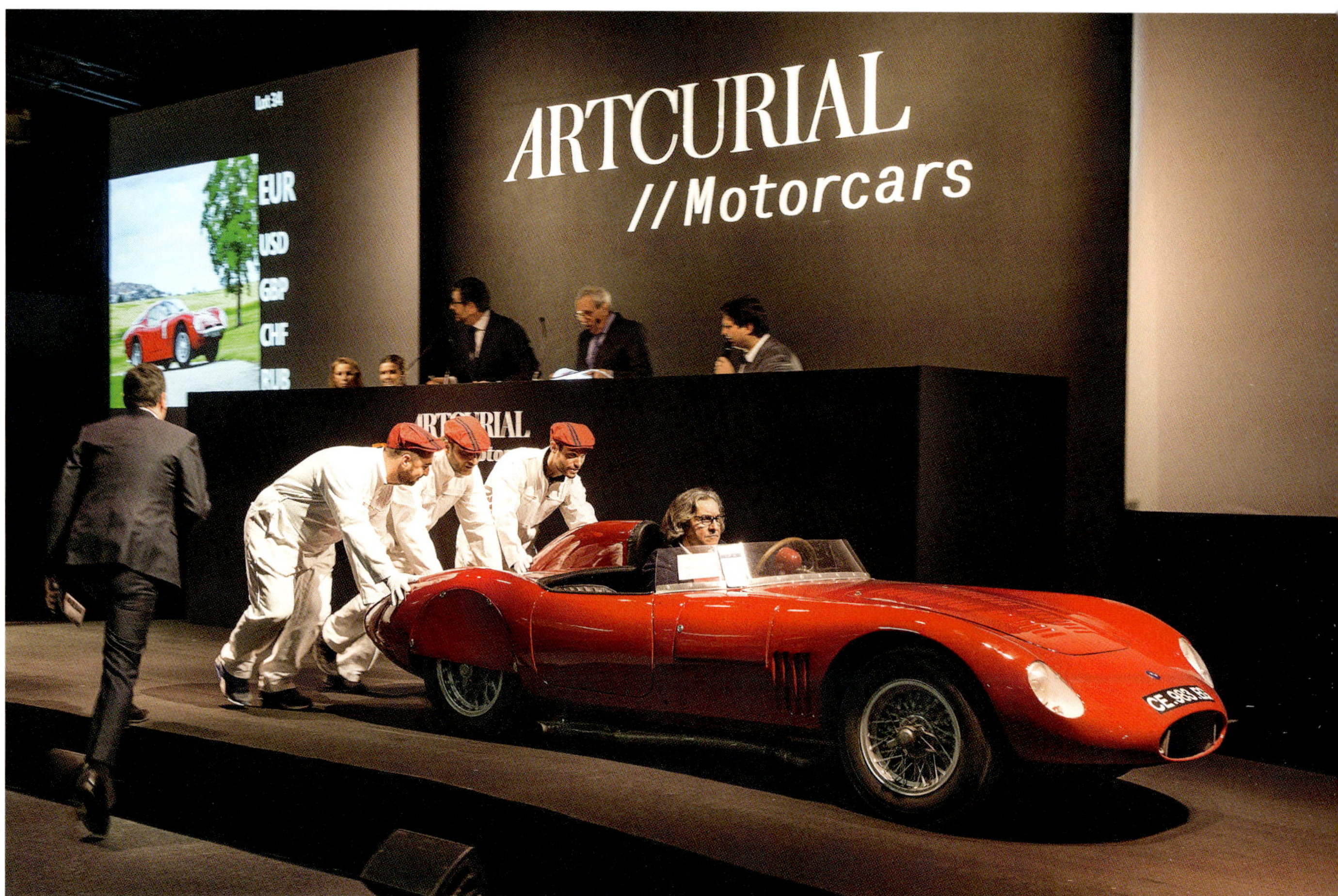

Bei manchen Auktionen kommen noch alle Autos auf die Bühne – wie hier dieser wunderbare OSCA Fratelli Maserati – bei anderen kommen nur noch Bilder auf einen Schirm.

▶▲ Manchmal bieten Strohmänner für anonyme Sammler am anderen Ende der Leitung.

▶ Als Rennwagen noch rauchen durften. Hinten raus und rundum sichtbar. Porsche 956 Gruppe C von 1982 vorm Duell

GRUNDSÄTZLICHES ZU VERSTEIGERUNGEN

Normalerweise bekommen alle Lots (die zu versteigernden Autos) in den Katalogen oder sonstigen Beschreibungen einen Schätzpreis ausgewiesen. Die Hälfte davon wird das Anfangsgebot. Nicht erkennbar, jedoch meist vereinbart ist eine „Reserve"; damit gemeint ist ein Mindestgebot, unter dem der Besitzer sein Auto nicht verkaufen möchte. Daneben gibt es entweder einzelne Exponate, manchmal aber auch komplette Versteigerungen mit „no reserve" oder „no limit" – dort ist das Höchstgebot dann immer der Zuschlagspreis. Plus Nebenkosten natürlich.

Die Eigentümer der zu versteigernden Autos, genannt „Einbringer", müssen mit dem Auktionshaus, das (so gut wie immer nur) auf Kommission arbeitet, eine Vereinbarung zur Regelung des Preises und der Kosten eingehen. So ist eine Einlieferungsgebühr zu entrichten, die vom Zuschlagpreis abhängt; das ist also jener Teil, den der Auktionator auf Seite des Verkäufers verdient. In der Regel zwischen fünf und 15 Prozent.

Der Versteigerer ist naturgemäß an einem maximalen Verkaufspreis interessiert. Hingegen verdient er kaum etwas, wenn es zu keinem Zuschlag kommt. Daher behält er sich meist das Recht vor, innerhalb eines zu vereinbarenden Zeitraumes den Wagen auch nach-zu-verkaufen, sofern die „Reserve" in der Versteigerung nicht erreicht wird.

Es liegt im Interesse des Auktionators, dass jede seiner Versteigerungen ein Erfolg wird. Deshalb versucht er, die Autos nicht nur besonders zu präsentieren, sondern sie auch extra schön herzurichten, sodass sie manchmal nach ihrer Aufbereitung kaum noch wiederzuerkennen sind.

Zuschlagpreis plus Aufgeld sind vom Ersteigerer stets rasch zu überweisen, der Geldfluss in Richtung der Einbringer hingegen ist meist deutlich langsamer. Versteigerer wollen offenbar ein gewisses Faustpfand einbehalten, so es Streitereien zwischen neuem und altem Eigentümer gibt.

Die Schätzungen werden von bezahlten Experten des Auktionshauses vorgenommen und mit den Einbringern akkordiert. Sollte das Exponat

MOTORCARS

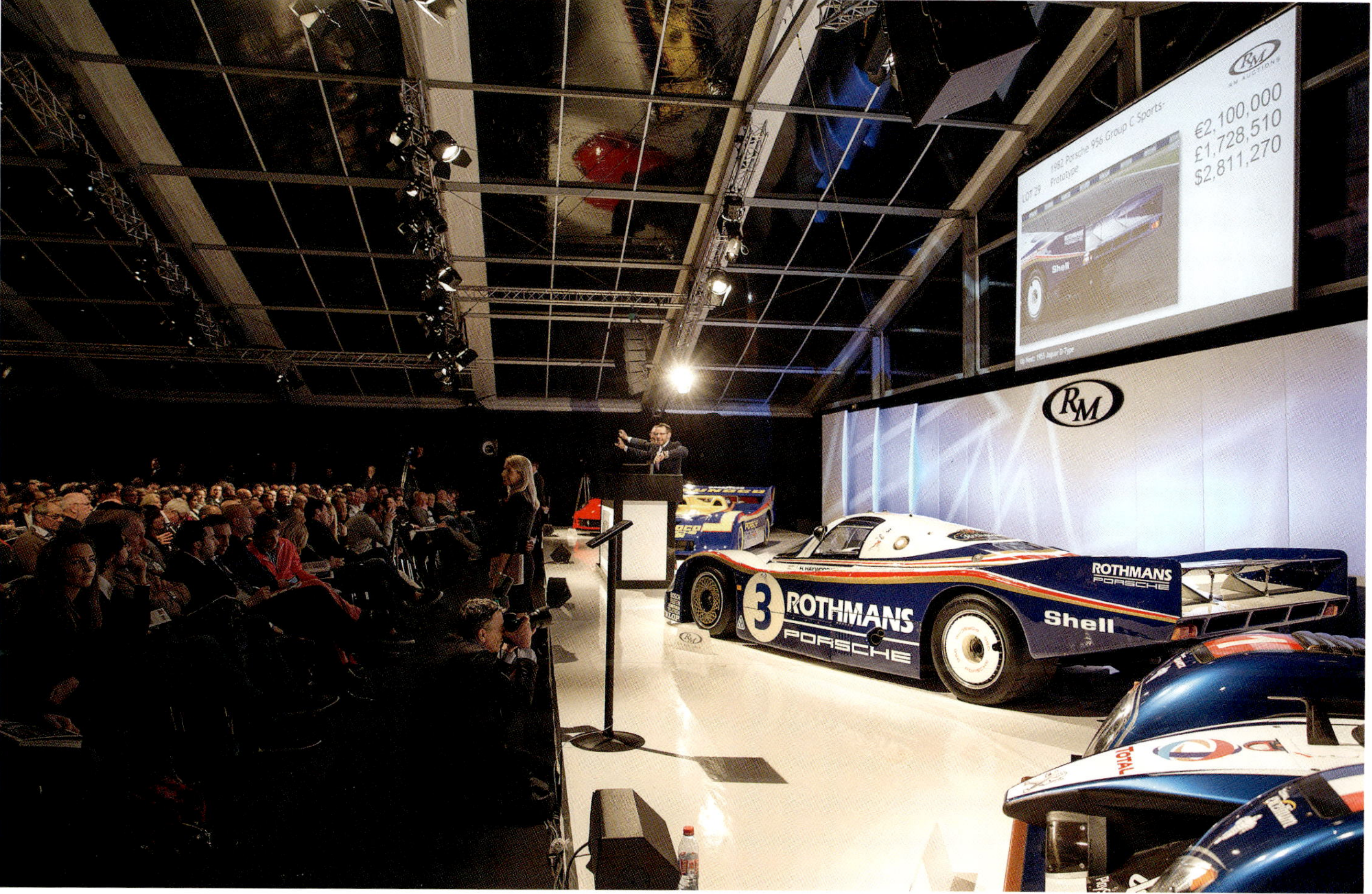
€2,100,000
£1,728,510
$2,811,270
ROTHMANS
PORSCHE
Shell

nicht weggehen, wird die Bewertung manchmal allerdings dem Eigner verrechnet.

Die Einbringer verpflichten sich, auch im eigenen Interesse, so viele relevante Unterlagen wie möglich dem Auktionshaus zu Verfügung zu stellen, und sie bürgen auch für deren Echtheit. Normalerweise recherchiert der Versteigerer aber noch zusätzlich, und so kommen nicht selten selbst dem Eigner unbekannte, manchmal auch unliebsame Details zum Vorschein.

Manipulationen auf Seiten der Versteigerer werden selten bekannt, sind aber nicht auszuschließen. Daher ist es angeraten, Geschäfte nur mit renommierten Häusern zu tätigen oder zumindest im Vorfeld Erkundigungen einzuholen. Dazu Max Girardo, damals noch „Direktor" des Hauses RM/Sotheby: "*Trust is the key. If you think of how many people buy cars without seeing them, without inspecting them, purely on what how we represent it.*"

Besonders wertvolle Stücke werden oft nicht von den zukünftigen Eignern ersteigert, sondern von Strohleuten.

DER RICHTIGE PREIS?

Manche Marktbeobachter meinen, dass nur eine Auktion den wahren Wert eines Autos abbildet. Das bezweifle ich aber, und zwar gleich aus mehreren Gründen. So gibt die Beschreibung des Wagens manchmal nicht den wirklichen Zustand wieder oder lässt sehr viel Interpretationsspielraum. Damit ein näherungsweiser Marktwert erzielt werden kann, müssen die richtigen Leute am richtigen Platz, zur richtigen Zeit, mit den richtigen Freunden und Beratern in Kauflaune sein – und das passiert eher selten. Dann kommen noch die persönliche Performance des Auktionators hinzu und die Präsentation der Ware. Keinesfalls zu vergessen ist das Wetter. Ist es zu heiß oder zu kalt, wenn es also nicht passt, wird auch der erzielte Preis nicht passen.

Überraschungen sind an der Tagesordnung. So lassen sich gewünschte Preise oft nicht erzielen, von denen „die Fachwelt" überzeugt war, sie wären das unterste Niveau. Ebenso gibt es manchmal Traumpreise, die ein Mehrfaches des Schätzwertes übersteigen. Siehe oben – wenn alles passt.

Wann also ist eine Versteigerung ein Erfolg? "*To me a success is, when the owner of a car says: 'you know Max, you guys did everything you could, you guys represented the car properly, it was in the right place, we did the videos, the photographs with it. I am happy with the work you did.' That already is a success. No matter if it was sold or not …*" So formuliert Maximierungsmeister Max Girardo, beim Tiefstapeln.

DER HAMMERSCHLAG

Der Zuschlag, meist ein Schlag mit dem Auktionshammer, begründet einen Kaufvertrag. Die Ware kann in der Regel kaum entsprechend besichtigt, überprüft oder zur Probe gefahren werden. Es sind die Beschreibungen der Auktionshäuser als Basis zu verstehen, die aber zeitweise auf nicht ganz korrekten Experten-Aussagen oder Auskünften der einbringenden Eigner basieren können; sie sind daher mit Vorsicht zu genießen.

Das Renommee eines Auktionshauses ist wichtig, dennoch: Es ist nicht alles Gold was glänzt.

> Aus eigener Erfahrung: Nicht nur im Sinne von Erica Jong sollte man hie und da „Angst vorm Fliegen" haben, so auch hier! Denn Auktionen entwickeln eine eigenartige Dynamik. Der Wettbewerb mit anderen Bietern verleitet dazu, womöglich die aus Vernunftsgründen gesetzte Grenze zu überschreiten, die man sich pekuniär gesetzt hatte. Das passiert nicht zu selten.

Lancia Aurelia B 24 Convertibile oben ohne vor winterlicher Projektion. Winterauktion der Oldtimergalerie Toffen in Gstaad/Schweiz

Oldtimer-Rallyes im Mietwagen. Danach wissen Sie, ob er Sie mag. Falls was passiert, ist er versichert, und wenn nicht, könnten Sie ihn vermutlich auch gleich kaufen.

Einen Oldtimer mieten – oder: *Hire and Fire*

Hat man gerade keinen Oldtimer zur Hand, gibt es viele sehr gute Gründe, einen zu mieten.

Ein Oldtimerkauf liegt in der Luft? Da gibt es keine bessere Entscheidung, als mit dem Partner eine etwas längere Ausfahrt unter die Speichenräder zu nehmen. Am besten gleich einige hundert Kilometer, auch über Nacht. Damit man lernt, wie aufwendig es manchmal ist, einen kalten Oldtimer zu starten. Einfach den Zündschlüssel drehen und geht schon, das funktioniert ja mitunter auch bei modernen Autos nicht einwandfrei … Ob mit oder ohne Choke, Halb- oder Vollgas, eventuell am Lenkrad die Zündung verstellen – das Abenteuer lockt.

Oder aber, der hoffnungsfrohe Nachwuchs heiratet. Es gibt kaum eine romantischere Art, eine Braut zur Kirche zu fahren und das glückliche Paar nach der Trauung wegfahren zu sehen. Vielleicht eine Kutsche, aber wenn der Weg ein bisschen weiter ist? Und wenn es vielleicht doch regnet?

Die besten Mitarbeiter haben sich eine Belohnung verdient. Wie groß ist die Freude, wenn diese ein nettes Wochenende mit ihren Partnern auf Ihre Kosten erleben dürfen. Mit standesgemäßer Anreise!

Eine Oldtimer-Rallye steht an. Und man hat keinen Wagen oder gerade nicht den passenden. Ein entsprechendes Leihexemplar ist sicher zu finden und man braucht sich nicht um dessen Zustellung, Versicherung, usw. zu kümmern.

Einmal ein richtiges Oldtimer-Rennen oder eine schnelle Oldtimer-Rallye fahren? Nur wenige von uns haben das passende Gefährt. Da ist Miete erst einmal sicher der beste Weg zum „Rennen wagen“.

Dieses Jahr soll der Urlaub eine Oldtimer-Reise sein. Gibt es eine schönere Art, sich fortzubewegen als herrschaftlich oder sportlich von einem Domizil zum nächsten?

Der eigene Oldtimer wird restauriert. In bestimmten Bereichen ist aber nicht klar, wie welches Detail genau auszusehen hat. Selbst Fotos oder Büchern ist es nicht zu entnehmen. Dann mietet man sich einfach ein entsprechendes Exemplar, vermisst und fotografiert und baut das

▶ Warum nicht eine Reise der anderen Art, feiner gemieteter Wagen, feines Hotel. Tolle Zeit, hier mit einem wirklich klassischen Morgan, dem einzigen Oldtimer, der immer noch gebaut wird und fast gleich aussieht wie vor 70 Jahren.

ZH·586 0600

Fehlende nach. – Wichtig beim Mieten oder wenn man sich einen Oldtimer ausborgt: Man sollte auch fähig sein, ihn stressfrei zu bewegen. Wer nie zuvor einen Vorkriegswagen gelenkt hatte, dem sei aber davon abgeraten, sich einen auszuleihen.

Mit dem Vermieter ist auf alle Fälle eine ausgiebige Probefahrt angebracht, wobei man sich unbedingt die Funktion aller Schalter und Hebel zeigen lassen sollte. Die unfallfreie Bedienung des Tankverschlusses und die Befüllung des Tanks mit der korrekten Benzinqualität und allfälligen Zusätzen ist ebenso wichtig wie die des Öffnens des Kofferraumes. Von Bedeutung ist auch zu wissen, welches Öl der Motor braucht, wo es zu bekommen wäre und ob ein Kanister davon an Bord versteckt ist.

Bei Cabriolets sollte unbedingt die Betätigung des Verdecks erläutert und auch vorgeführt werden. Das kann nämlich durchaus mehr als rätselhaft sein …

Man lasse sich auch zeigen, wo im Auto die Ersatzbirnen zu finden sind. Alte Leuchten gehen öfter kaputt, und 6-Volt-Birnen gibt es an so gut wie keiner Tankstelle mehr zu kaufen.

Und schließlich sei ebenso erforscht, ob all das Gepäck, das man mit sich führen will, auch sicher und beschädigungsfrei untergebracht werden kann.

Und zum Schluss: Findet sich in der Garderobe noch das eine oder andere zum gewählten Automobil passende Kleidungsstück? Es zu tragen, hebt den Genuss beträchtlich. Die Hüte nicht vergessen!

Oldtimer zu mieten hat eine Reihe von Vorteilen. Man braucht sich um den Wagen weder davor noch danach zu kümmern und man kann sich an das Thema Oldtimer langsam herantasten; selbst die Kosten sind überschaubar. Wichtig aber auch hier, dass man nur mit ausreichenden Erklärungen und Vorbereitungen die gewünschten Fahrten antritt, denn es sind alte und mitunter sehr eigenwillige Autos, die Sie bewegen. Und bitte reduzieren Sie Ihre Ansprüche an die Gefährte auf jenes Maß, das alle Fahrerinnen und Fahrer vor 40 oder 50 oder noch mehr Jahren hatten.

Ein Flugzeug kaufen, oder eine Yacht – nein, mieten/chartern ist meist die bessere Alternative; Das gilt auch für Rennwagen. Sie sparen ein ganzes Team, reichlich Platz, und ganz viel Kosten.

SUNOCO
UNION
Shell
Marlboro
www.oldieklinik.at

Alfa Romeo 1900 C52 Disco Volante Berlinetta Touring. Klingt wie das halbe Libretto einer Verdi-Oper. Und wenn Sie dann erst den Motor hören. Den zu mieten sei Ihnen vergönnt!

Die Bewertung rarer Automobile, ganz besonders deren Sonderausführungen, wie hier der Aston Martin DB5 in James-Bond-Ausführung, bedarf sattel- und trittfester Gutachter.

Oldtimer und Gutachter – oder: *Ziemlich beste Freunde*

„Es gab einmal den USA-Import eines Mercedes-Benz 280 SL, besser bekannt als ‚Pagode'. Da waren im Zuge der Befundaufnahme einige Unstimmigkeiten im Bereich der beiden Einstiege erkennbar. Und siehe da, nach dem Entfernen des marmeladenbrotdicken Kittauftrags waren jede Menge blecherner und ausgerollter Campbell's-Suppendosen erkennbar, die statt der Einstieg-Holme dort aufgenietet waren. Damit das Ganze auch mehr Körper bekommt und beim leisesten Anklopfen nicht gleich auffällt, hat man die beiden Schweller mit einem überaus zähen, grau-gelben Fett vollgefüllt."

Franz Steinbacher, Gutachter-Doyen

▶ Tiefer eintauchen in die Materie als ein (guter) Gutachter wird kaum ein Käufer. Cisitalia 202 Cabrio von 1951, gesehen im Grand Palais in Paris

Was ziemlich übertrieben und wie ein Einzelfall klingt, ist bei Weitem keiner. Es wird getrickst und getürkt was das Zeug hält, und manchmal endet das dann vor Gericht. Und spätestens hier wird ein Gutachter notwendig, mehr noch, er wird zum Mittelpunkt der Auseinandersetzung.

Steinbacher hierzu: Zu Beginn eines Verfahrens sind Streitparteien und deren Anwälte sehr nett und höflich, schließlich will man es sich mit dem Gutachter ja nicht gleich von Haus aus verscherzen. Bei der Befundaufnahme (Faktenerhebung) geht es dann schon etwas ruppiger zu, das ist auch einigermaßen verständlich, will doch jede der Streitparteien ihre Sichtweise in den Vordergrund rücken; frei nach dem Motto: nur meine Darstellung ist die einzig wahre und richtige. Und sobald das Gutachten erstattet ist, ist meist auch das Wohlwollen weg, zumindest von jener Streitpartei, der die Erkenntnisse des Sachverständigen nicht ganz soo günstig erscheinen. Da wird dann der Sachverständige in langen Schriftsätzen sehr häufig als „Blinder" und „Ahnungsloser" und, wenn es besonders heftig ist, auch mitunter sehr direkt als „ahnungsloser Trottel" beschrieben.

ROMA 28
1319

WOZU BRAUCHT MAN ÜBERHAUPT GUTACHTER?

Als Wichtigstes: er bürgt für Objektivität. Er hat in Ausübung seiner Funktion in der Regel keine eigenen Interessen oder Präferenzen, keine bevorzugten Farben oder Modelle und ist der Wahrheit verpflichtet. Und er haftet für seine Aussagen!

Im Detail überprüft er beispielsweise die Identität eines Fahrzeugs und seine Dokumente. Er checkt die Nummern (von Fahrgestell, Motor, Getriebe oder auch Achsen), oft muss er sie auch erst mühsam suchen, und er macht sich ein Bild vom Zustand, den Funktionen und vor Allem der Originalität des Wagens. Er informiert sich über seine Geschichte und unterscheidet sie von seinen „G'schichterln". Aber auch, ob ein Wagen überhaupt die notwendigen historischen Standards erreicht, um als Oldtimer zugelassen zu werden, wird von ihm festgestellt.

Daneben fertigt er Dokumentationen des Istzustandes an und macht daraus Expertisen und Gutachten, oder aber er stellt den Kontakt zu Herstellern oder auch den entsprechenden Behörden her. Darüber hinaus bewertet er Mängel, Schäden oder sogar Vorschäden und ermittelt, sowie berechnet Werte und/ oder Versicherungssummen. Oft begleitet er auch Restaurationen oder größere Reparaturen, und kann dabei Unterstützung durch sein Netzwerk bieten.

Auch beim Kauf, oder beim Import kann er kraft seiner Erfahrung wertvolle Hilfe sein, speziell wenn es dann um Zoll, Typisierung und Zulassungen geht. Aber auch, was die spätere Nutzung des Wagens oder seinen Erhalt betrifft. Er hat sie selber, oder weiß woher er die Literatur für ein bestimmtes Modell bekommt, denn er beobachtet nicht nur die Preise, sondern den gesamten Markt rund um die historischen Fahrzeuge.

So oft wie möglich einen Gutachter beiziehen. Der weiß nicht nur vieles, er ist auch der Wahrheit verpflichtet. Auch ist er ein glaubwürdiger Zeuge. Seine Expertisen sind Statusaufnahmen, meist aber für einen bestimmten Zweck erstellt. Oft, wenngleich nicht immer vom Experten gewünscht – manchmal sogar von diesem ausdrücklich untersagt – sind sie aber auch Kaufs- oder Verkaufsargument. Vorsicht für alle Auftraggeber derartiger Befunde oder Gutachten: Sie unterliegen dem Urheberrecht, dürfen also nur dafür benutzt werden, wofür sie errichtet wurden.

Spätestens im Schadensfall zahlt sich die vorherige, gute Dokumentation aus, egal ob vom Eigner oder Gutachter. Eine Rolle spielen kann das beispielsweise, wenn der neue Schatz vielleicht schon bei der ersten Ausfahrt kränkelt oder sich sein Kotflügel teilweise aus seiner Umgebung löst, und sicher dann, wenn dem Oldie so richtig warm wird.

193

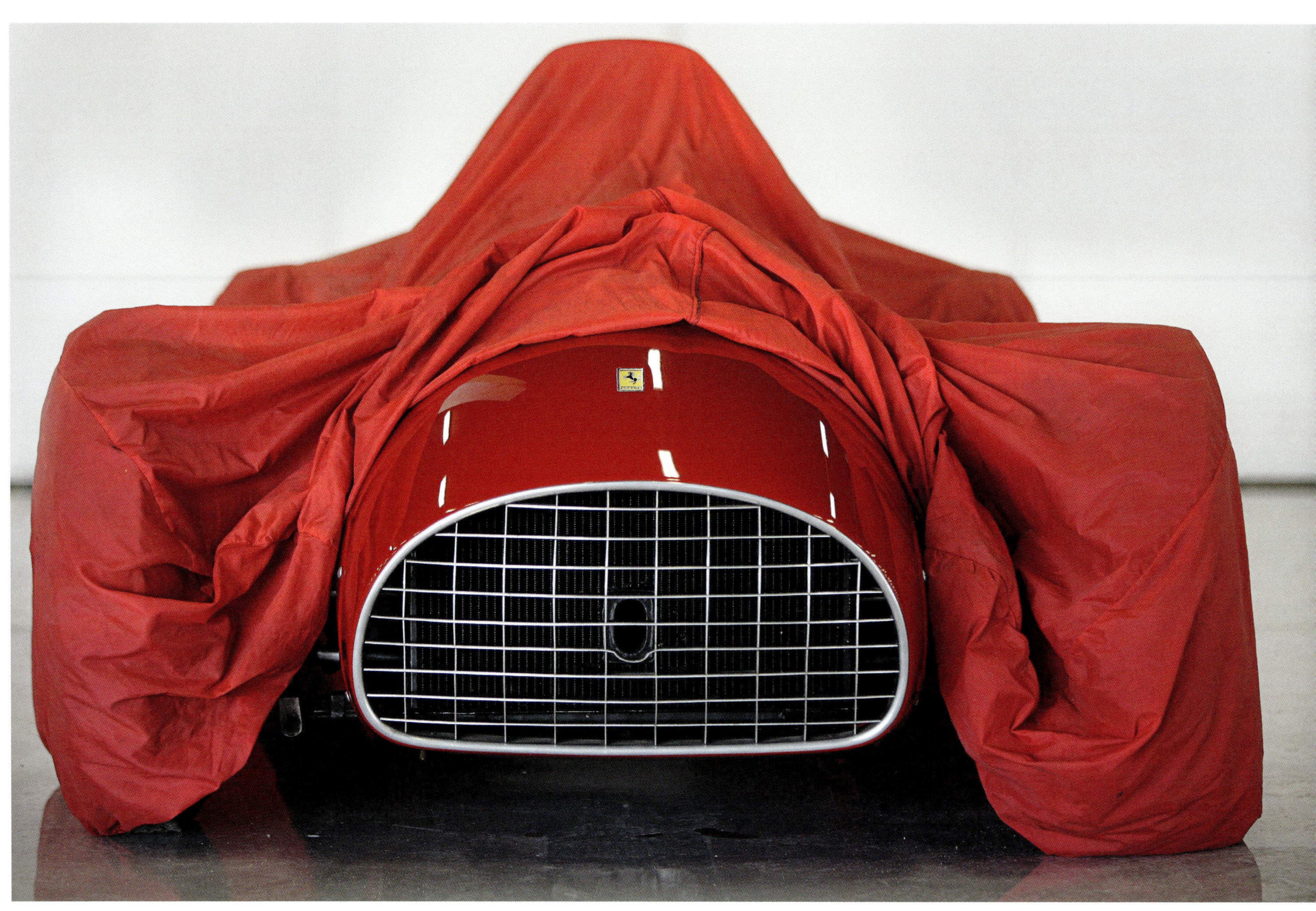

Sie müssen keinen Ferrari 375 F1 aus der Zeit von 1950/51 besitzen - Gratulation, wenn dem so wäre - Ihre Versicherung wird aber auch bei kleineren Kalibern ein Wertgutachten erwarten.

Was ist denn da im Cadi drin? Gutachter-Nachwuchs beim hautnahen Inspizieren eines Cadillac aus den 1970ern.

SPECIAL 5

Oldtimer als Marketing-Instrument – oder: *„Ich brauche kein Marketing. Ich stehe jeden Tag im Geschäft“*

Zino Davidoff, Zigarrenzar

„Allein, weil ich selber es schön fand, habe ich vor 40 Jahren angefangen, Oldtimer zu sammeln. Seit damals habe ich mit „State of Art“ eine Herrenmode-Marke aufgezogen, und eines Tages kam von meinem Partner die Idee, die Autos für unsere Firma einzusetzen – denn die meisten Männer mögen Autos. Wir haben mit einem großen Event an der Rennstrecke in Zandvoort begonnen und ab dann in unserer gesamten Kommunikation und auch als Sponsor immer wieder die alten Autos eingesetzt. Unsere Shops sind entsprechend ausstaffiert, unsere Werbung hat meist Bezug auf die Oldtimer und unsere Mitarbeiter fahren damit bei diversen Veranstaltungen. Warum es als Marketing-Instrument funktioniert? Weil wir enormen Spaß dabei haben.“

Albert Westermann, Unternehmer und Modemacher

Modeunternehmer Albert Westermann (3.v.re.) mit zweifachem Le-Mans-Sieger Gijs van Lennep (zusammen mit Dr. Helmut Marko 1971, und 1976 mit Jacky Ickx) inmitten des State-of-Art-Teams bei der Mille Miglia. Fotos: State of Art

Was sind nun Marketing-Instrumente, und wozu braucht man sie? Gemäß onpulson.de/lexikon sind sie *„die Gesamtheit der Maßnahmen, die ein Unternehmen einsetzt, um seine Marketingziele zu erreichen“*, und in der Kommunikationspolitik werden *„sämtliche Instrumente und Maßnahmen zusammengefasst, die der Kommunikation zwischen Unternehmen und ihren aktuellen und potentiellen Kunden, aber auch zwischen Mitarbeitern und Bezugsgruppen dienen.“* – Siehe: wirtschaftslexikon24.com.

Auch wenn Modemacher Albert Westermann bestimmt nicht nach diesen Definitionen vorgegangen ist, so hat er doch so gut wie alle Maßnahmen der internen und externen Kommunikation im obigen Sinn getroffen. Das hat ganz wesentlich zum Erfolg beigetragen – abgesehen vom Spaß an der Sache. Der aber sicherlich den wichtigsten Faktor darstellt, denn er ist ansteckend!

Die meisten Menschen stehen Oldtimern sehr positiv gegenüber. Sie werden, trotz aller Umweltdiskussionen, stets mit leichtem Lächeln bedacht, die Fahrer und Fahrerinnen stuft man nicht als Rowdies ein – selbst wenn sie manchmal schneller unterwegs sein mögen, als mit einem neuen Sportwagen. Irgendwie bedienen alte Autos höchst positive Emotionen – auf beiden Seiten.

HIER EINIGE WEITEREN BEISPIELE, WO KLASSISCHE AUTOS ALS MARKETING-INSTRUMENTE WIRKEN

Die Versorgung von Kunden mit Unterlagen, Ersatzteilen oder Unterstützung aller Art durch die Hersteller Ihrer Autos. Hier wird gute Stimmung gemacht, oft auch überhaupt erst die Verwendung

STATE OF ART.COM
STATE OF ART.COM
1000 MIGLIA
143
STATE OF ART
CLASSIC
PORSCHE
STATE OF ART.COM

der Oldies ermöglicht, und somit entsteht zukünftige Marken-Kauffreude. Oldtimer-Reisen sind tolle Netzwerkplattformen, speziell, wenn diese für Kunden oder Mitarbeiter organisiert werden.

Veranstaltungen mit und rund um die Alten werden oft von Sponsoren finanziert, die auf den ersten Blick nichts oder wenig mit Autos zu tun haben. Aber auch hier scheint die Brücke zwischen dem emotionalen Gefährt, den Teilnehmern und den Zuschauern höchst erfolgreich. Beispiele seien Versicherungen (OCC, Hiscox, Allianz oder Württembergische, GRAWE, Uniqua etc.), Uhren (Richard Mille, Rolex, Zenith, Lang und Söhne, IWC, Tudor oder Frédérique Constant und viele andre mehr), Mode – selbst wenn sie selber mit den Oldtimern nicht in direktem Zusammenhang steht, wie die sehr erfolgreiche Marke Mothwurf mit ihren immer neuen Ausflügen in die moderne Couture. Natürlich finden auch Kleidungsstücke mit aufgestickten Logos von historischen Rennen oder Rallyes große Akzeptanz, wie GPO beweist. Ebenso werden Taschen und Schuhe gerne mit klassischen Autos in Zusammenhang gebracht, wie dies mit großem Erfolg bei Rubirosa oder Heinz Bauer passiert.

Aber auch Anbieter von Kaffee oder Gemüse nutzen den positiven Aufmerksamkeitseffekt, indem sie ihre Ware auf einem Oldtimer transportieren oder zur Schau stellen, und selbst Schokolade-Produzenten zeigen vermeintlich altes Werkzeug in ihren Auslagen, nur ist es halt aus gegossenen Kakaobohnen geformt.

Gemeinsame Besuche von Oldtimer-Messen oder Museen werden selbst von wenig autoaffinen Menschen stets als nette Abwechslung empfunden. Auch das gemeinsame Schrauben an einem Oldie unter kundiger Anleitung kann für die Mitarbeiter ein einzigartiges Erlebnis werden. Druckwerke wie Kalender mit Oldtimern finden immer erfreute Abnehmer, selbst wenn (oder vielleicht auch weil) keine entblößten Damen im Weg stehen. Und das alles sind nur ein paar Beispiele in der weiten Welt des Marketings mit historischen Autos.

Abschließend sei noch eine Firma hervorgehoben, die ganz besonders intensives Marketing rund um Oldtimer betreibt: der Schmuck- und Uhrenhersteller Chopard. Karl-Friedrich Scheufele im Originalton: *"I think, the*

◄◄ Kein Schweizer Bankgeheimnis: Die Credit Suisse unterstützt seit vielen Jahren die Classic Rennszene, hier beispielsweise den Monaco Historic Grand Prix.

◄▼ Walter Röhrl schätzt nicht nur frühe Porsche Targa und seine Katze, auch hochwertige Lederjacken wie jene von der Heinz Bauer Manufaktur. Foto: beigestellt von Heinz Bauer

Karl-Friedrich Scheufele mit dem schnellsten Beifahrer der Welt - Mehrfach Le-Mans-Sieger Jacky Ickx. Kein anderes Luxusprodukt ist enger mit der Classic Scene verwobener als Chopard.

most important thing is, you have to be genuinely and passionately involved yourself, because otherwise you don't have credibility. And in our case, that's what we did. We participate ourselves, we get involved ourselves and we love the world of the classic cars. It's not an opportunity we say 'Ok, classic cars are in, let's go into classic cars' and ten years later we say, 'Ok, now golf is in, we go into golf'. Und zu seiner Rolle als Sponsor: *'We have been partners of the Mille Miglia for 25 years. And I can tell you that the Mille Miglia Line is an important part of our business today. It certainly pays its bills'."*

Dem ist nichts hinzuzufügen. Außer vielleicht, dass den Ideen keine Grenzen gesetzt seien – sofern es den Beteiligten, siehe Zitat oben: *„ganz viel Spaß macht."*

Glaubwürdig und mit Passion betrieben, können Oldtimer hervorragende Marketing-Instrumente sein. Durch die vielen, mit den alten Autos positiv verbundenen Emotionen, lassen sich Mitarbeiter, Kunden aber auch Lieferanten leicht mit einbeziehen und steigern damit gemeinsam den unternehmerischen Erfolg.

SPECIAL 6

Oldtimer und Uhren - oder: *Guten TAG*

Steve McQueen macht sich bereit für die längsten 24 Stunden seines Lebens. Und damit er immer weiß was es geschlagen hat, trägt er seinen rechteckigen Chronograf Heuer Monaco. Foto: TAG Heuer

„Selbst mehr als 40 Jahre nach der Premiere im Juni 1971 gilt Steve McQueens Epos ‚Le Mans' immer noch als großartigster Rennfilm aller Zeiten. McQueens besessener Perfektionismus ging so weit, dass die entscheidende Szene unbedingt bei Vollgas gedreht werden musste. Er achtete auf jedes Detail und bei der Wahl seines Rennanzugs verlangte er schlicht das identische Modell, das Jo Siffert damals trug.

Als der schlitzohrige Schweizer hörte, dass McQueen sich für seinen Rennanzug entschieden hatte, auf dem auch ein großer ‚Chronograph-Heuer'-Aufnäher prangte, schaltete er sofort: Er rief seinen Freund Jack Heuer an und machte ihm klar, dass es schlau wäre, wenn möglichst viele Leute in dem neuen Film einen Heuer-Chronographen tragen würden – vor allem natürlich der Hauptdarsteller. Der Firmeninhaber beauftragte sofort GR Lang damit, in der Schweiz eine Kiste mit 20 Heuer-Uhren abzuholen und nach Le Mans zu bringen. ‚In der Kiste befanden sich neben Heuer-Aufnähern und -Aufklebern sowie zwei Handstoppuhren offenbar je sechs Chronographen vom Typ Autavia, Carrera und Monaco', sagt Heuer-Experte Jasper Bitter.

Steve McQueen durfte natürlich als Erster in die Kiste greifen und entschied sich für den neuen, ungewöhnlichen weil rechteckigen Chronographen Monaco mit Automatikwerk. Diesen trug er dann gut sichtbar am gelochten Lederband in einigen Filmszenen und auch auf Plakaten."

Erlesen in der Motor Klassik

Vielleicht war das der Beginn einer bis heute andauernden, besonderen Verbindung von Auto und Uhr.

BORD-UHREN (NICHT BOND-UHREN!)

Sie sind in klassischen Autos eingebaut. Diese kamen oft von denselben Herstellern wie die mechanischen Rundinstrumente, aber nicht immer. Viele entstanden bei VDO oder bei Kienzle, beide in Deutschland, manche auch bei Jaeger in Frankreich. Sehr viele Autohersteller machten allerdings ihr eigenes Logo drauf. Sie haben meist mechanische Werke und sind selten sehr präzise, weil andauernde Stöße keinem mechanischen Werk gut tun. Eine Besonderheit unter diesen Bord-Uhren ist jene im viertürigen Maserati Biturbo von 1983; die kam zwar nicht von Cartier, wie wohlmeinende Gerüchte noch immer glauben, sah aber genau so aus. Scharfe Zungen behaupten, diese umwerfend hübsche Uhr in Form des Markenzeichens mitten auf der schmucken Holzleiste über der Mittelkonsole wäre das präziseste mechanische Teil am gesamten Biturbo... allein schon, weil sie von Batteriestrom betrieben wird.

SCHON KITSCH?

Wanduhren mit Automotiven, bestückt mit Darstellungen einer (vermeintlich) besseren Vergangenheit oder der Abbildung eines bestimmten (legendären) Automodells. So zum Beispiel Uhren mit Rock'n'Roll-Szenen oder auch von alten Cadillacs. Manchmal sind auch Uhrwerke in Lenkräder, Tachometer oder Zierkappen alter Autos eingebaut.

DAMIT NICHT GENUG

Da sind dann noch die Heritage Collections. Uhren, deren Ziffernblätter klassischen Designs von Tachometern oder Drehzahlmessern nachempfunden sind.

Moderne Uhren stellen mitunter eine Verbindung zu bestimmten Ereignissen oder Persönlichkeiten her. Manchmal, indem das Gehäuse oder das Ziffernblatt optische Anlehnung an gewisse Oldtimer herstellen. Manchmal gehts aber noch weiter: wenn recycelte Teile eines verschrotteten Wagens in die Uhr eingearbeitet sind, um eine besondere Beziehung zwischen Uhr, Träger und klassischem Automobil herzustellen.

▶▲ Noble Marken gehen gerne Vermarktungs-Ehen ein. So beispielsweis Bentley mit Breitling oder Jaeger LeCoultre

▶ Bei Junghans gab es schon in den 1930ern eine „Meister-Linie". Hier wurden die edelsten und technisch aufwändigsten Uhrwerke ihrer Zeit verbaut und inspiriert waren die Meister Driver Handaufzug von ausgewählten Automobilen ihrer Zeit.

JUNGHANS

Hanhart
Hanhart
ALPINA

Die kommerzielle Verbindung von klassischen Autos und Armbanduhren wird selten so offensichtlich wie durch das umfangreiche Sponsoring mancher Uhrenhersteller. Viele Klassik-Magazine könnten ohne die exzessiven Anzeigen-Strecken der Chronometer-Vermarkter gar nicht erscheinen, viele Klassik-Events ohne deren Patronanz gar nicht stattfinden.

Oft werden Serien aufgelegt, die den Namen von Oldtimer-Events oder den Namen eines berühmten Rennfahrers im Ziffernblatt tragen. Beispiel dafür dürfte Chopard sein, mit seiner Verbindung zur Mille Miglia, DER Oldtimerrallye schlechthin. Daneben gibt es noch viele ähnliche Beziehungen sowie daraus resultierende Modelle: IWC und sein Chronograph „74th Members' Meeting at Goodwood" oder das Sondermodell „Rudolf Caracciola". Lange und Söhne und der Concorso d'Eleganza Villa d'Este. Die Marke Tudor hat eine „Monte Carlo", TAG-Heuer die „Carrera". Union Glashütte bietet das Modell „Sachsen Classic" und wer es gern ein bisschen länger hat: Frédérique Constant nennt eine seiner Sondereditionen „Vintage Rally Chronograph Automatique Peking-to-Paris". Eine sehr unvollständige Aufzählung, was man mir nachsehen möge.

Varianten davon wären Uhren, die zwar den Namen ihres Herstellers behalten, aber im Ziffernblatt und am rückwärtigen Deckel auf ein bestimmtes Ereignis hinweisen, etwa das Modell „El Primero" der Marke Zenith in einer limitierten Sonderserie der Ennstal Classic.

Manche Hersteller gehen sogar soweit, nicht nur Ziffernblatt und Gehäuse in Design-Verbindung zum Oldtimer zu bringen. Chopard empfand als erster Uhrmacher das Kautschuk-Armband dem Reifenprofil eines alten Dunlop Racing oder Pirelli Stelvio nach.

Die Verbindung von Automobilen mit Zeitmessern in Zitaten:

„Beim Concorso d'Eleganza Villa d'Este erleben wir Leidenschaft für Technik und Eleganz in ihrer schönsten Form. Es ist dieselbe Faszination, die unsere Zeitmesser auf Sammler und Connaisseure ausüben."

Wilhelm Schmid von A. Lange und Söhne

„Mit der Vintage Rally Chronograph Automatic unterstreichen wir, dass nicht nur die Erfolge rasant zustande kommen."

Frédérique Constant

„Bereits 1892 kaufte Arthur Junghans einen der ersten Daimler-Motorwagen. Durch die enge Freundschaft zu Wilhelm Maybach entstanden zahlreiche bedeutende Erfindungen. So lieferte Junghans den Prototyp einer Schneckenlenkung für seinen zweiten Wagen, wie in der Auftragsbestätigung von 1895 verzeichnet. Die Leidenschaft für das Automobil leben auch die heutigen Junghans Eigentümer, Dr. Hans-Jochem Steim und Hannes Steim. Ihre Sammlung beinhaltet Zeitzeugen, die eng mit der Unternehmensgeschichte verbunden sind."

Matthias Stotz, Geschäftsführer Uhrenfabrik Junghans

„Die offizielle Uhr der Mille Miglia stammt von Chopard. Der Gran Premio Nuvolari Zeitmesser wird von Eberhard & Co. geliefert. Nun gibt es auch für die Tour Auto ein offizielles Uhrenmodell, das in Kooperation mit Zenith entstanden ist."

Nach classicdriver.com

Zum Finale eine besondere Verbindung. Der Uhrenhersteller Parmigiani Fleurier ging (nach Ferrari) eine Verbindung mit Bugatti ein. Der besondere Spross dieses Tête-à-Tête heißt „Mythe" und kostet die Kleinigkeit von 390.000 Euro. Also mehr als viele Wagen im Starterfeld von Klassik-Rallyes.

◀ Chopard Mille-Miglia-Uhr, mit Porsche 356 Speedster. Teilnehmer bekommen den tollen Chronograph, wir können ihn kaufen.

◀▼ Mechanische Stoppuhren als erlaubte Zeitmesser bei vielen Classic-Bewerben. Elektronische führen womöglich zum Sieg und anschließend sicher zur Disqualifikation.

Klassische Automobile leben oft in enger Beziehung mit besonderen Uhren. Ein Grund mag sein, dass es sich bei beiden um mechanische Wunderwerke handelt. Ihr Flair, ihre Ausstrahlung und ihr Design spielen eine große Rolle.

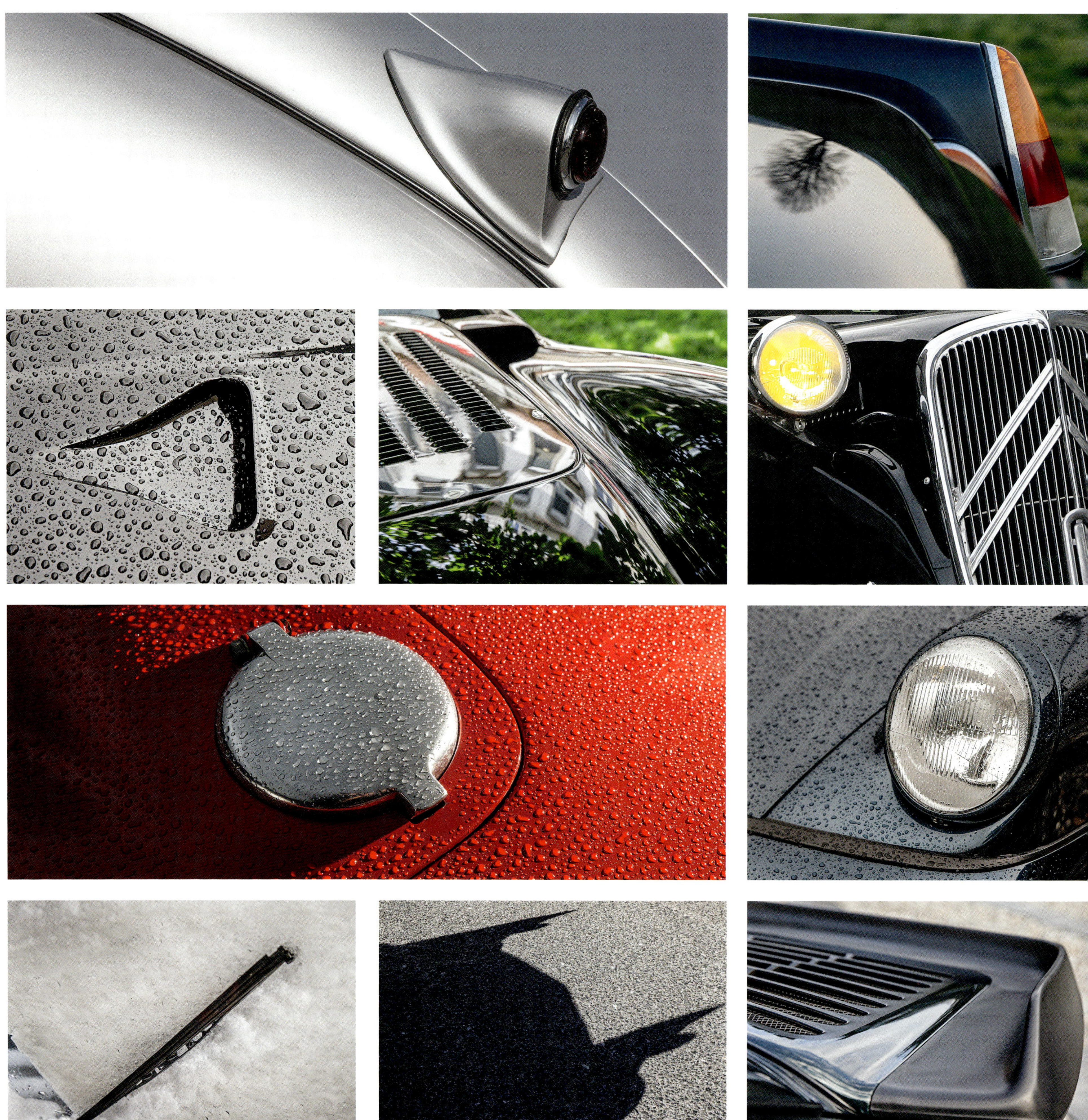

Superleggera

Glücklich unterwegs: Bedächtig und langsam oder aufregend und rasant

Oldtimer-Events – oder: *Reif für die Insel*

"Classic car events have become a lifestyle choice for the masses, where car owners campaign and display their automobiles with pride. These events provide an opportunity for collectors to meet like-minded people who appreciate their automobiles."

Dieter Hatlapa, HAGI

"Classic car events have validated the market much more than just car dealers and enthusiasts who like to own them and drive them on the weekend. Or collectors who just want to put them in big collections and museum-likes. Events have created a new approach on owning classic cars which is basically to use them in a way they are meant to be used."

Tarek Mahmoud, Sammler und Rennfahrer

Events mit und rund um Oldtimer lassen sich in zwei Kategorien einteilen. In Fahr- und in Stehbewerbe, um die Sache etwas flapsig zu bezeichnen.

FAHREVENTS

Bei Fahrwettbewerben werden die historischen Wagen halbwegs „artgerecht" bewegt. Die geläufigsten dieser Events sind:

Oldtimer-Rennen: Hier werden die Alten bewegt wie die damals Neuen. Ganz so, als ob es kein Morgen gäbe. Oft fahren die Autos heute sogar deutlich schneller und sind wesentlich haltbarer als ehedem – neue Materialien und Techniken machen dies möglich. Nur mit der Sicherheit ist es kaum besser geworden, es bleibt daher so richtig gefährlich.

Oldtimer-Regularities/Gleichmäßigkeitswettbewerbe: Nicht zu verwechseln mit „Blümchenfahrten" oder „Weinbeiß-Touren", die natürlich auch ihre Berechtigung haben, hier aber nicht gemeint sind. Regularities sind Wettbewerbe, bei denen die Alten und ihre Mannschaft vorgegebene Durchfahrtszeiten möglichst genau passieren müssen – und es wird heute in Hundertstel-Sekunden gemessen – oder eine vorgegebene Durchschnitts-Geschwindigkeit ebenso genau einhalten müssen. Zu jedem Punkt einer bestimmen Strecke, also auch vor, in oder nach Kurven. Gemessen wird dies in der Regel versteckt.

Oldtimer-Rallyes: In der Regel geht es ebenso knackig zur Sache wie vor 30, 40 oder noch mehr Jahren. Oft gibt es heutzutage zudem eigene Klassen, die vor oder nach den modernen Rallye-Autos dieselben Strecken bewältigen müssen. Eine für die Veranstalter wesentlich einfachere Übung, als eigenständige Wettbewerbe zu organisieren.

Oldtimer-Ausfahrten, auch „Blümchenfahrten" genannt: Dies bitte nicht despektierlich zu verstehen, aber im Gegensatz zu den obigen Bewerben, spielen Uhren, Zeittabellen oder Lichtschranken gar keine Rolle. Hier steht das gemeinsame Erleben mit Gleichgesinnten im Vordergrund, und es werden, (manchmal sogar sehr lange) Strecken vorgegeben, die aber nur Empfehlungen sind. Es ist also der Weg das Ziel.

Eine Startnummer auf dem Fiat Topolino macht den Piloten zum Rennfahrer – die Blümchen erwärmen das Herz der Beifahrerin.

Außentermin im Schweizer Kanton Glarus: Fahrzeugabnahme für das Klausenrennen-Memorial, das ins Hochgebirge und durch ein Naturschutzgebiet führt. Das Rennen findet nicht regelmäßig statt – hoffentlich aber bald wieder.

Oldtimer-Reisen: Das Verreisen mit Oldtimern kommt stark in Mode, und daher gibt es eine Reihe von Anbietern für nationale und auch internationale Trips. Hier wird in der Regel die Strecke, aber ebenso die Übernachtungen organisiert, manchmal wird auch ein Wagen beigestellt. Die Preise richten sich vornehmlich nach der Qualität der Unterbringung und dem Grad der angebotenen Unterhaltung.

Die zweite Sorte ist jene, bei der das Bewegen gar nicht oder nur sehr eingeschränkt im Fokus steht.

Oldtimer-Messen und Ausstellungen: Ob nun einfachst gestaltet und in kahlen Hallen, oder in Messe-Zentren mit Aufbauten wie auf der IAA – immer geht es um alte Autos, deren Teile, Literatur, Kleidung, ihre Verwendungsmöglichkeiten oder was auch immer im Umfeld noch eine Rolle spielt. Miunter sind das riesige Veranstaltungen. Der Markt der Oldtimer wird durch sie wesentlich beeinflusst.

Concours d'Elegance – also Schönheitskonkurrenzen: Nachdem es immer mehr Leute gibt, die zwar dem Charme eines Oldtimers erliegen, ihn aber nicht allzu oft fahren wollen, steigt das Interesse an derartigen beauty-contests. Je nach Motto, Baujahr oder Verwendung schreiben Veranstalter ihre jährlichen Events aus, bei den meisten davon muss man eingeladen werden, um überhaupt teilnehmen zu können. In der Regel werden Preise von Fachjurys vergeben, aber auch das Publikum darf seine Sieger küren.

Oldtimer-Versteigerungen: Diese Art des Verkaufens kommt vornehmlich aus dem angelsächsischen Umfeld, gewinnt hierzulande jedoch an Bedeutung. Noch sind die Zentraleuropäer etwas skeptisch, aber zunehmend setzt sich die Überzeugung durch, dass hier, wo ein zum Teil enormer Marketingaufwand betrieben wird, ein so breites Forum an Interessenten zu finden ist, wie sonst kaum.

Oldtimer-Paraden und Clubtreffen: Nachdem es im deutschsprachigen Raum geschätzt eine knappe Million Vereine gibt, ist es nicht verwunderlich, dass sich so manche davon mit alten Autos beschäftigen. Dort wird dann nicht nur geschraubt und geredet, sondern auch getroffen und paradiert. Clubtreffen können riesige Ausmaße annehmen, und viele von ihnen finden jährlich an wechselnden Orten statt. Wichtig ist immer, so viele Unterlagen und Ausrüstungsgegenstände wie möglich von seinem eigenen Auto mitzunehmen, und ausreichend alkoholischen (Human-) Schmierstoff.

Ob gefahren wird oder nicht: Oldtimer-Events wurden in den vergangenen 30 Jahren rund um den Globus zu einem Phänomen, das sehr viele Menschen anzieht. Hunderttausende strömen auf Messen oder zu Rennen, ebenso viele bewundern die alten Autos auf öffentlichen Straßen, etwa bei Regularities oder Paraden. Oldtimer-Events schaffen gut bezahlte Arbeitsplätze und bewegen auch im monetären Sinne Millionen.

Was Oldtimer und ihre Events immer sind, lesen wir auch bei Karl Ulrich Herrmann, Veranstalter der Stuttgarter RETRO CLASSICS.

„Egal, ob es die Liebe zur Nostalgie und längst vergangene Zeiten, die Bewunderung raffinierter Technik, die Freude an nicht alltäglichen Formen oder einfach der Klang alter Motoren ist: Historische Fahrzeuge sind aus einer Vielfalt von Gründen beliebt und gefragt. Da wären die Handwerkskunst der verschiedenen Epochen, das eigene und erkennbare Marken-Design und die Technik, die oft vom Fahrer und Besitzer selbst beherrschbar ist, was bei heutigen Fahrzeugen kaum noch der Fall ist.

Bei Gleichmäßigkeitsfahrten auch Regularites genannt, sitzt das Hirn rechts – außer beim Rechtslenker.

▲ Vintage Klassik am Nürburgring. Beschleunigungsrennen bergauf von immer zwei gleichzeitig gestarteten Autos. Für manche ganz Alte die härtest mögliche Prüfung.

▶ Englische Gartenparty vor dem Schloss Dyck. Hippie-Rolls und Mini-Van. Oder auch: Sandwiches und Sparkling statt Roadbuch und Stoppuhr.

Klassiker arbeiten dem allgemeinen Werteverfall in unserer Gesellschaft entgegen, nicht materiell, sondern mental, und sind dadurch zeitlos. Auch identifizieren sich viele Menschen mit diesen Fahrzeugen, die sie mit ihren Erinnerungen an die Kindheit und Jugend verbinden. Nicht zu vergessen: der Fahrspaß. Denn Oldtimer werden im Regelfall in der Freizeit, im Urlaub und als Hobby bewegt, da sind Fahrer und Beifahrer von vornherein entspannter. Und das Bedienen ist viel unmittelbarer als bei den meisten modernen Autos. Hinzu kommt bei Oldtimern wie Youngtimern auch ein finanzieller Aspekt, denn sie sind inzwischen ganz hervorragende Anlagegüter geworden.“

Damit schließt sich der Kreis zu den Eingangszitaten.

Oldtimer eignen sich hervorragend für alle Arten von Events. Sie sind ein erheblicher Wirtschaftsfaktor, auch tragen sie entscheidend zur Wert-Erhaltung und -steigerung bei. Sie vermitteln Freude bei Teilnehmern und Zuschauern. Man muss noch nicht „reif für die Insel“ sein, also sehnsüchtig Ruhe und Entspannung suchen, doch wer vermeiden möchte, reif zu werden, dem helfen Oldtimer-Events ganz gewiss.

Wer sich nicht rechtzeitig hinter den Bäumen in Deckung bringt, wird vom Luftzug mitgerissen. Audi im Anflug auf Schloss Dyck.

HB AUDI TEAM
AUDI
MICHELIN

Oldtimer-Rennen – oder: *Every Second Counts*

"I think there was a period when we did not know about classic racing. And when one's career finished, that was it. You never drove another (racing-) car unless you had your own stable of classic cars. But wonderfully, somebody decided that we should have rallies, regularities and races with these classic and older cars. And it is fantastic that so many people with collections of cars decided to see their cars on a track. There, the public can touch them, they can possibly see the drivers that drove them in the period, and the owners get great of pleasure of that."

Derek Bell MBE, fünffacher Le-Mans-Sieger

GROSSBRITANNIEN: RENNEN, TWEED UND NYLONS

Stirling Moss war nicht nur der erfolgreichste Rennfahrer, der nie Weltmeister wurde. Er war auch der erste Sieger des allerersten Rennens am ehemaligen Militärflugplatz von Goodwood, der 1948 noch Westhampnett hieß. Und, wie das Leben so spielt, sollte er dort auch sein letztes Rennen fahren. Nur mit großem Glück überlebte er am Ostermontag 1962 ebendort seinen schwersten Unfall.

Wie so oft in den Jahren vor dem Zweiten Weltkrieg, nutzte das englische Militär die riesigen Ländereien des 9. Duke of Richmond, dem Großvater des heutigen Lord March, um ein „airfield" zu bauen. Rund um besagte Landebahn hatte man eine Versorgungsstraße errichtet, die nach dem Krieg, nachdem man das Land seiner Lordschaft zurückgegeben hatte, von diesem zu einer Rennstrecke umgebaut wurde.

Heute, knapp 70 Jahre später, findet auf genau dieser Rennstrecke, die natürlich einige Veränderungen erfahren musste, eines der größten Oldtimer-Rennen überhaupt statt. Rund 150.000 bis 180.000 Zuschauer kommen seit 1998 jedes Jahr hierher, die meisten von ihnen in Vintage-Kleidung. Sie erleben herzhaftes englisches „motor racing at its best". Soll heißen, so richtig teure Klassiker werden von profinahen Amateuren, mitunter auch von Rennprofis, derart engagiert um den 3,8-Kilometer-Kurs getreten, als gäbe es kein Morgen. Diese Hetz heißt ganz harmlos: ***Goodwood Revival.***

In England begann man viel früher, ausgediente Rennstrecken mit ausgedienten Rennwagen zu bespielen, als im Rest der Welt. So gibt es tatsächlich Rennwagen, die nach ihrer Meisterschaftskarriere nahtlos bei Clubrennen und bald danach bei Klassikerrennen mitmischten, also gar nie in Pension waren. Diese Events werden auf der Insel gleich als große Volksfeste angelegt. So findet seit 1990 auf einem weiteren aufgelassenen Militärflugplatz ein Mega-Rennwochenende statt, die ***Silverstone Classic***. Ein Riesenremmidemmi, auch hier gilt eines ganz besonders: Wo Rennen draufsteht, ist wirklich Rennen drin.

Beim ***Donington Historic Festival*** im gleichnamigen Park in der Grafschaft Derby kommen ebenfalls Fahrer und Zuseher auf ihre Rechnung. Ge-raced wird auch hier in diversen Klassen, mit Wagen aus den 1920ern bis in die 1990er-Baujahre.

USA: ROLEX UND RISIKO

Auf dem Laguna Seca Raceway in Monterey findet alljährlich ein Riesenspektakel statt, die ***Rolex Monterey Motorsports Reunion.*** Eingebettet in das ***Monterey Car Weekend,*** bei dem die ganze Gegend nicht nur auf Jahre voraus ausgebucht, sondern an jeder Ecke im Umkreis von 100 Kilometern ein altes Auto zu finden ist.

"Described as a museum springing to life, the Rolex Monterey Motorsports Reunion is the largest event held during the famed Monterey Classic Car Week, and is the only event where cars are doing what they were originally intended to do … race. Approximately 550 race cars are invited to compete in the world's premier motoring event, and are accepted based on the car's authenticity, race provenance and period correctness."

mazdaraceway. com/rolex-monterey-motorsports-reunion

Neben der Rennerei selbst gibt es – sehr amerikanisch – auch Auszeichnungen für die schönste

Fire-Vader beim Monaco Historic Grand Prix, der alle zwei Jahre stattfindet. Gefahren wird kaum langsamer als damals, und wirklich sicherer sind die Klassik-Rennwagen auch nicht geworden. Nur die Marshals sind schneller da und besser ausgerüstet als früher.

Volksfest mit Volkswagen. Ausschließlich luftgekühlt. Internationales VW-Treffen in Château-d'Oex/CH, das alle zwei Jahre stattfindet. Es kommen so an die 1.500 teilnehmende Autos aus der ganzen Welt.

Auf der Suche nach der fehlenden Sekunde. Nachlauf? Vorspur? Andere Dämpfer? Selbst Mechaniker tragen zeitgenössische Kluft in Goodwood. Hat doch was?

Box, den besten Mechaniker, das beste Auto mit beispielweise Ford-Motor. Eine Rolex bekommt darüber hinaus derjenige, der den „spirit of the event" am besten repräsentiert. Wie immer das auch herausgefunden wird.

Hans-Joachim Stuck hat zu dieser Art von Motorsport eine durchaus kritische Meinung, und sagt: *„Das sehe ich sehr differenziert. Nachdem ich einmal, ich glaube es war im Jahre 2000, den Porsche 917/30 von Mark Donohue mit rund 1.000 PS in Laguna Seca gefahren bin, habe ich entschieden, an keinem derartigen Rennen mehr teilzunehmen. Und zwar aus zwei Gründen: Erstens sind das unwiederbringliche Museumsstücke, sie sind Zeitzeugen, die man nicht kaputt machen soll, und zweitens ist mir das Risiko einfach zu hoch. Wenn ich heute alte Rennwagen bewege, manche von denen mit unsagbarem Wert, so mache ich es bei Paraden, und dann in einer Geschwindigkeit, bei der ich sicher bin, dass da nix passieren kann."*

FRANKREICH: NOBLESSE OBLIGE

Das zweifellos nobelste und auch kostspieligste Oldtimer-Rennen ist der ***Grand Prix de Monaco Historique.*** Es passiert nur alle zwei Jahre, dass die Mitspieler über dieselbe Strecke bolzen dürfen wie die Formel 1. Zwei Wochen vorher testen sie die Strecke – und ab und zu auch deren Leitschienen, die mitunter zu Leidplanken werden. Dabei gehen oft Hunderttausende in jeder Währung den Bach hinunter, sehr zur Freude mancher Restauratoren. Wechselnde Klassen an zugelassenen Autos gibt es, so beispielsweise Formel 1 bis 1976 und Rennsportwagen bis 1965. Die Eigenbeschreibung liest sich so:

"The Grand Prix de Monaco Historique is designed for worldwide collectors, nostalgic enthusiasts, drivers, spectators and ardent supporters of former days' mechanics, who definitely won't miss this world event."

Automobile Club de Monaco

Auch die ***Le Mans Classic*** wird nur alle zwei Jahre ausgetragen. Es starten rund 200 Rennwagen mit mehr als tausend Fahrern – viele von ihnen ehemalige Teilnehmer und einige sogar Sieger der „24 heures du Mans". Der Ablauf ist deutlich anders als beim modernen Bruder, wo man einfach

(weiter auf Seite 219)

Goodwood Revival - gebolzt wird, als gäbe es kein Morgen. Vermutlich die beste historische Motorsportveranstaltung überhaupt. Nach Überflügen von Spitfire und Messerschmitt matchen sich (nicht nur, aber in diesem Lauf) Rennsportwagen der 1950er bis zur letzten Kurve.

Hier wird der traditionelle Le-Mans-Start noch zelebriert: Startflagge fällt, hinrennen und reinspringen - hoffentlich auf der richtigen Seite. Für Zuschauer sehr erheiternd, wenn man den Rechtslenker von der linken Seite entert.

Glücklich wessen Motor anspringt und ab die Post. Heute in Le Mans bei den Klassikern, jedoch mit stündlichem Wechsel des Starterfeldes. 15 Minuten Vorbereitung und Präsentation, 45 Minuten fahren. Plateauwechsel nennt man das. Gesamtfahrzeit für jedes Team 2:45. Auch nachts!

Wunderschön restaurierter Cooper-Climax F1. Kaum zu glauben dass mit derartigen Rennwagen heute noch gefahren wird. Und wie!

Members Meeting in Goodwood. Rennwagen wie von der Carrera-Bahn aus dem Kinderzimmer, im Maßstab 1:1 halt, brausen hier durch die Gegend. Porsche 906 Carrera 6 aus der Saison 1965/66

24 Stunden angast. Die Autos werden hier in sechs Startgruppen geteilt, jedes „Plateau" bestreitet drei Rennen zu 45 Minuten. Ein Lauf davon findet in der Nacht statt, in der ohnedies niemand schläft, da die große Party die ganze Zeit durchgeht. Auch hier ist ein Dresscode vorgeschrieben, wenngleich weniger klassisch-vintage als in Goodwood.

Le Mans Classic gilt als historische Fortsetzung der „24 Stunden von Le Mans", des berühmtesten Langsteckenrennens der Welt.

"The drivers who risk their lives behind the wheels of cars belonging to the glorious past (which are often older than they are) realize that mastering these machines each time is far from an easy affair. The essentials of the sport were no doubt the same: speed, grip, competition, passing or being left behind. However, the driving technique differs every time from the high rides of the Twenties, which were already fast, to the powerful beasts of the Seventies. Le Mans Classic will see to it that the skills needed to drive these cars will never be lost. Having fun is a serious business."

lemansclassic.com

Etwas kleiner ist der ***Grand Prix de l'Age d'Or*** in Dijon. Ursprünglich im Steilkurven-Autodrom von Linas-Montlhéry südlich von Paris ausgetragen, ist der „Große Preis des Goldenen Zeitalters" eine der ältesten Rennveranstaltungen für Oldtimer.

"In 1964 a group of enthusiasts created what would become known as the Grand Prix de l'Age d'Or, the first meeting for historic racing cars. Some fifty years later, the Grand Prix de l'Age d'Or has become one of the best-known events in Europe. It takes place at the Dijon-Prenois circuit in Burgundy, its home for the last ten years. Grids include Classic Endurance Racing; Sixties' Endurance; Trofeo Nastro Rosso; and Heritage Touring Cup – as well as a few surprises."

peterauto.peter.fr

DEUTSCHLAND: LEGENDE NÜRBURGRING, ABER NICHT NUR

Das am ehesten mit obigen Veranstaltungen vergleichbare Rennen ist der ***AvD-Oldtimer-Grand-Prix*** am Nürburgring. Mitte August treffen sich seit den 1980er-Jahren in der abseitigen Eifel weit über 500 Rennautos mit ihren Besatzungen, messen sich in zehn Rennkategorien und zwei Gleichmäßigkeitsklassen. Im Halbstundentakt wird trainiert oder wettkampfmäßig gefahren, auf und manchmal auch neben der Rennstrecke. Die berüchtigte Nordschleife ist Teil des Programms, ebenso wie Demonstrationsrunden von Rallye-Autos oder Sonderpräsentationen von Klassikern diverser Hersteller. Der „Track Day" lockt Fahrer aller möglichen Oldtimer, die selbst beim Grand Prix nicht teilnehmen (können) auf die Nordschleife, also in die 27 Kilometer lange „Grüne Hölle". Auf Wunsch sogar mit Instruktoren, um die eigenen Fähigkeiten auszuloten.

Angefangen hat die deutsche Oldtimer-Rennerei dank Hubertus Graf Dönhoff bereits in den 1970ern im Motodrom von Hockenheim. Bei der ***Bosch Hockenheim Historic*** im Frühjahr gehen auch superteure Oldtimer-Rennwagen auf Tuchfühlung mit Strecke und Konkurrenten. Hier ist alles ein bisschen kleiner, intimer sozusagen, aber das ist natürlich relativ. Gekämpft wird in 13 Klassen, vom zarten „single seater" bis zur waschechten Formel 1 der Lauda-Ära und jünger, oder von sehr frühen Tourenwagen der 1950er-Jahre bis zu Youngtimern. Wie am Nürburgring gibt es auch hier mehrere Gleichmäßigkeits-Läufe. Was sagt der Veranstalter?

Grüne Hölle Nürburgring, da gibt es reichlich Einladungen zu Ausritten. Oft werden da die Leitplanken zu Leidplanken, wie hier für den wBig Healey.

„… die hochkarätigen Rennserien, der direkte Kontakt mit den Fahrern, im Fahrerlager und in den Boxen sowie viele Sonderaktionen, die attraktive Marken-Clubszene mit weiteren speziellen Veranstaltungspunkten, machen die Bosch Hockenheim Historic zu einem unbedingten Muss im Jahr eines jeden Motorsportfans.“.

hockenheim-historic.de

ÖSTERREICH: ES GEHT UM DIE GOLDENE ANANAS …

Seit 1997 ist der ***Histo Cup*** eine Rennserie von europäischer Dimension. Hier treffen in dennoch familiärer Atmosphäre Jung und Alt im Kampf Rad an Rad aufeinander. Den Histo Cup findet man auf mehreren Rennstrecken, etwa in Brünn/Tschechien, am Red-Bull-Ring, dem ehemaligen Österreich-Ring in der Steiermark, am Slovakiaring aber auch auf dem Adriatic Raceway von Misano in Italien. Und natürlich am Salzburgring, der Heimat des Veranstalters. Teilnahmeberechtigt sind: *„Alle Tourenwagen und GT bis zum Baujahr 1971 (Perioden E, F und G) und bis 1981 (Perioden H und I) sowie Youngtimer bis 2001. Die Formel Historic, die BMW 325 Challenge und die Classica Trophy runden das Programm des Histo Cups ab.“*

Sie alle kämpfen in sechs Klassen um die begehrte „Goldene Ananas“ – hier allerdings ist die Frucht des Strebens ein Wanderpokal aus echtem Gold.

SCHWEIZ: NATÜRLICH GEHT ES IN DIE BERGE

Nachdem seit dem Jahre 1955 und dem schrecklichen Unfall von Le Mans Autorennen in der Schweiz generell verboten sind, können hier auch keine aufgezählt werden. Erwähnenswert sind aber die Versuche bei der ***Lignières Historique*** und beim ***Klausenrennen*** – die Hoffnung auf Zukünftiges machen.

Herrliche Kulisse am Klausenpass. Passt das Wetter, ist das Klausenrennen-Memorial eine Top-Veranstaltung für Vorkriegswagen.

In aller Welt gibt es eine ganze Reihe von Oldtimer-Rennveranstaltungen. Dabei geht es richtig zur Sache, meist wird kernige Rennerei geboten. Der Zulauf von Fahrern und Fahrzeugen ist stark steigend. Auch, weil es unterm Strich die wohl billigste – oder eher die am wenigsten teure – Möglichkeit ist, Autorennen zu fahren.

Oldtimer-Rallyes – oder: *Summa cum Laude*

Es gibt eine Reihe von Veranstaltungen, die weder Rennen sind, noch Regularities.

HISTORISCHE RALLYES KÖNNEN REGELRECHTE ZEITMASCHINEN SEIN

Da ist zum einen die ***European Historic Sporting Rally Championship:*** Rallye-Fahren wie damals, mit Autos aus der Zeit. In einer Eigenbeschreibung liest sich das so:

"The FIA European Historic Sporting Rally Championship is the ultimate time machine for any rally fan, revitalizing an amazing breadth of evocative cars from some of the most iconic periods of stage competition. Combining classic shapes and unforgettable sounds with equally compelling stages and scenery makes for an experience that undoubtedly echoes rallying's halcyon days."

Nuff said, wie der Brite meint!

Der ***Historic-Rallye-Cup*** – das sind zehn Wertungsläufe bei insgesamt sieben Rallyes. Los ging es 2001. Damals sorgten eine Handvoll Rallyefans mit historischen Wagen für die erste deutsche Gleichmäßigkeitsrallyeserie. Wie bereits gesagt, es geht nicht um Schnellkeit, das Einhalten vorgegebener Zeiten, die hier übrigens nicht im Geheimen kontrolliert werden, sind das Ziel.

Beim ***Historic Rally Car Register*** werden fünf Kategorien zum Fahren mit alten, originalen Rallye-Fahrzeugen (oder jenen, die es nie in diese Gruppe schafften) zusammengefasst. Von der szenischen Ausfahrt über Bergrennen bis zu sogenannten „Stage Rallyes" – und die sind dann richtig kompetitiv.

LANGSTRECKEN-RALLYES ODER MARATHONS: DURCHHALTEN!

Lüttich–Rom–Lüttich: Auf den Spuren des „Marathon de la route" der „Liège-Rome-Liège" in den

Oldtimer-Rallyes sind keine Blümchenfahrt. Zitat des Beifahrers Dani, als er wieder eine ruhige Hand hatte zum Aufschreiben: „Rüttel, Rumpel, kotz..." – Fiat Abarth 850TC bei der Winterclassic, HQ Teichalm/Österreich

PEKING PARIS
www.endurorally.com
Tyumen
Novosibirsk
Omsk
Samara
Ufa
Murun
Bulgan
Uureg Lake
Ulaanbaatar
Telmen Lake
Voronezh
Saratov
Erenhot
Lviv
Kiev
PARIS
DAVOS
Bratislava
Schladming
Troyes
GSTAAD
PEKING
PEKING-PARIS 2013

1950ern und 1960ern, eine Legende, die nicht nur eine lange Tradtion aufweist, sondern auch Länge in Kilometern. Es geht über die Alpen, gespickt mit Sonderprüfungen und Navigationsherausforderungen. Eine Gleichmäßigkeitsveranstaltung, bei der Durchhaltevermögen gefragt ist. Nur das Original war härter, es führte von 1961 bis 1964 von Lüttich nach Sofia in Bulgarien und zurück. Aber selbst Dreiliter-Healeys hielten durch. Manche zumindest.

Eine Woche lang brausen gerade noch zulassungsfähige Sportwagen bei der ***Tour Auto*** durch Frankreich, hetzen von Rennstrecke zu Rennstrecke. Manchmal ist auch eine gesperrte Sonderprüfung auf normalen Landstraßen vorgesehen. Die Verbindungsetappen sind sehr knapp, dafür gibt es zum Ausgleich wenig Schlaf. Gefahren wird in zwei Klassen, Rennsport oder Gleichmäßigkeit. Jedem Novizen sei geraten, sich zuerst mal in der vermeintlich gemütlicheren Klasse zu versuchen. Auch gastronomisch ist die Strecke herausfordernd.

Copenhagen Historic Grand Prix: Mitten in der Innenstadt von Dänemarks Metropole steigt alljährlich ein Motorsport-Event, das die ganze Familie ansprechen soll. In unterschiedlichsten Klassen wird Straßen-Rennsport gezeigt, manchmal auch recht kerniger Motorsport. Selbst Prinz Joachim von Dänemark nimmt gerne daran teil, etwa in der „Royal Pro-Am Class" wo sich begabte Amateure mit Profis ein Cockpit teilen. Rundherum Präsentationen, Shows, Demo-Fahrten und vieles mehr.

Festival of Speed, Goodwood: Die andere sehr große Veranstaltung in Südengland auf den Gefilden des Lord March. Ein Riesenvolksfest, eine Hommage an den Motorsport, ein unvergleichlicher Auftrieb von tollen Autos und Menschen. Auf einer kurzen Strecke, genannt Hillclimb, werden Sport-, Renn-, Rallye-, Formel- und weiß Gott noch welche Automobile hinaufgehetzt – ganze neun (9!) Kurven lang. Die Sunday Times beschrieb es eines Sonntags folgendermaßen: *„Eine Kreuzung aus dem GP von Monaco und Royal Ascot"*. Was sagt der Veranstalter? *"The largest motoring garden party in the world."* Nebenbei stellt Volkswagen aber seine jeweils neuesten Modelle vor.

Le Jog startet an der Westspitze von Cornwall. *"Starting from Land's End on Saturday morning, competitors take part on a number of regularity sections and driving tests before arriving at the evening rest halt. From here, it is into the maze of lanes that criss-cross Wales, your endurance and skill tested as you battle through the night against the elements and the route set out by the Clerk of the Course."*

Was der Gastgeber nicht dazusagt ist, dass er einem die allergrößte Mühe bereitet, die Strecke zu finden. Die muss man nämlich mit vorgegebenen Koordinaten selbst in eine Karte umwandeln. Viel Platz im robusten (!) Auto ist nötig für Winterausrüstung, Reservebenzin, Schlafsack, Schlafutensilien. Das Ziel John o'Groats (kurz Jog) versteckt sich irgendwo an der Nordspitze Schottlands …

Von 1906 bis 1977 war die ***Targa*** eines der berühmtesten, gefährlichsten und schnellsten Straßenrennen überhaupt. Über Siziliens Landstraßen sind die tollsten Autos und Fahrer ihrer Zeit mehr geflogen als gefahren, durch Dörfer wie über Weingärten, trotz der Gefahr von Gegenverkehr im Hinterkopf. Die ***Targa Florio Classic***a bezieht sich auf diesen Motorsportklassiker und preist sich selbst so an: *"The Classica offers the chance to admire the most beautiful vintage cars of the most prestigious brands built between 1906 and 1970, which will race along the roads of the Madonie mountains and all of Sicily. The exclusive regularity race for cars of specific historical and sporting value represents the key event for vintage car lovers."*

Auf dem untersten Zipfel der nicht vereisten Welt, der Insel Tasmanien, findet alljährlich eine rund 2.000 Kilometer lange Hatz mit Oldtimern statt, die ***Targa Tasmania***. Der Organisator sieht das so: *"The Targa Tasmania is a world class international motorsport event. It is a tarmac rally that travels over 2000 kms with over 40 competitive stages on closed roads for the true motoring enthusiast, catering for up to 300 selected cars approved by invitation.."* Und eins ist jedem klar, der die Australier kennt: Lang-----sam geht das einfach nicht.

Die ***Carrera Panamericana*** bewegt sich auf den Spuren des mörderisch(st)en Autorennens durch Mexico, nach dem neben Sonnenbrillen und Helmen auch einige Porsche benannt sind. Das einst schnellste und unfallträchtigste Straßen-

◀▲ Die Schweizer Equipe Beppi und Christian Dillier durcheilen die Mongolei mit ihrem Chrysler 70 aus dem Jahre 1930.

◀ Falls das Roadbook zwischen Peking und Paris verschütt gegangen ist - kein Problem. Dieser Porsche 356 zeigt wo es lang geht.

Auch wenn es hier gerade bergab geht, normalerweise geht es steil und hurtig bergauf für den tollen Huffacker V8 CanAm Rennwagen, beim sechs Kilometer langen „Internationalen Edelweiß Bergpreis Rossfeld Berchtesgaden" in Deutschland. Bergrennen-Feeling wie damals; hautnah

Früher starteten Automobile und Motorräder auf den selben Rennstrecken. Hier studiert der Fahrer einer Motosacoche (Schweizer Motorrad- und Motorenhersteller bis zum Zweiten Weltkrieg) die Linie eines Bugatti 35 B beim Klausenrennen.

rennen der Welt, 1954 schon nach der vierten Auflage aus guten Gründen wieder eingestellt, kommt als historisches Rennen seit 1988 wieder übers karge Hochland – genau so verrückt wie damals. Vermeintliche Oldtimer, oft mit riesigen amerikanischen Rennmotoren und modernster Technik – ein bisschen versteckt halt – hobeln durch die mexikanische Provinz, oft auf Straßen, für die ein Geländewagen nötig wäre. Wenn man schnell genug ist, merkt man die Riesenlöcher nicht. Oder nicht immer. Und wenn doch, dann isses aus. Hier wird einem bewusst: Motorsport kann immer wieder tödlich enden …

HISTORISCHE BERGRENNEN: HOCH HINAUF IST IMMER SPANNEND

Quer durch Europa gibt es Bergrennen, Hillclimbs und Gare di Salita für historische Fahrzeuge, teils auch unter Schirmherrschaft der Autooberbehörde FIA. Diese finden in der Regel im Rahmen von modernen Bergrennen statt. Zwar als Gleichmäßigkeits-Prüfung ausgeschrieben, aber zwei Mal die Strecke mit Vollgas absolviert, ist für viele Teilnehmer der Garant für maximale Gleichmäßigkeit.

ANDERE RENNVERANSTALTUNGEN MIT OLDTIMERN

Im Rahmen der ***Ennstal Classic*** findet der Neben-Event ***Race Car Trophy*** statt, bei dem legendäre Autos und Piloten auf gesperrten Strecken so richtig angasen. Die noch relativ junge Veranstaltung erfreut sich zunehmender Beliebtheit.

Vintage Dirt Track Race: Nicht jedermanns Sache, aber für alle Teilnehmer – laut deren übereinstimmender Meinung – eine Riesenhetz. In den 1920ern etablierten sich in den USA sowie in Australien und England Ovalrennen auf Lehm- oder Schotterpisten. Sie wurden von Monoposti (also mit frei stehenden Rädern) genauso befahren wie von Tourenwagen – und diese Tradition lebt immer öfter wieder auf. Wikipedia dazu: *“Many obsolete race vehicles that were left in barns to rust are being restored to their former glory. The restored race vehicles are being displayed at car shows and sometimes raced. Cars that compete in vintage racing events are from the late 19th century to historic cars from a few years ago. There are more than 170 racing events in North America, and thousands of other vintage events sanctioned by hundreds of clubs.”*

Taferl-Klasse für Rallye-Anfänger. Bei Nebel und Schnee die Parkposition zu finden ist manchmal schon eine unüberwindliche Hürde. Die HQ Teich-alm, von der diese Tafeln stammen, kann jedoch getrost als Abiturprüfung gesehen werden.

Der Autor auf Spurensuche im gut getarnten frühen Porsche 911 auf der Planai Classic

AUCH OLDTIMER LASSEN SICH AUFS EIS FÜHREN

Nicht alle Oldtimer-Fans, seien sie auch noch so fahrsüchtig, gönnen ihrem blechernen Liebling im Winter ausreichend Auslauf. Aber immer mehr. Daher gibt es inzwischen eine ganze Reihe von Bewerben auf Glatteis und Schneematsch.

Im Geiste der Rallye Monte-Carlo starten bei der ***AvD Histo-Monte*** rund 80 Autos in Mainz mit dem Zielpunkt monegassisches Casino. Ein flotter Winterwettbewerb mit langen Distanzen im Gleichmäßigkeitsmodus. Teilweise werden neben aktuellen Wertungsprüfungen der Monte auch deren historische Sektionen bedriftet – in den maritimen Seealpen auch die berühmteste aller Prüfungen über den Col de Turini.

Die ***Rallye Monte-Carlo Historique*** ist ebenfalls ein Gleichmäßigkeits-Wettbewerb, bei dem man allerdings keinen Schnitt vorgegeben bekommt, sondern sich eine von drei Möglichkeiten selbst aussucht; die schnellste Sollzeit ist jedoch oft nur mit vollem Gaspedaleinsatz zu erreichen. Viele ehemalige Rallye-Fahrzeuge und auch deren Piloten sind am Start. Aus fünf Startorten wird sternförmig nach Monaco gefahren – wie in echt.

Planai Classic: Anders als bei der Ennstal Classic hofft man hier statt auf warmes Wetter auf möglichst viel Eis und Schnee. Es gibt ein Oval,

Wenn Schneeketten nicht mehr reichen, helfen oft nur noch gut gelaunte Männer mit Substanz im Volvo-Kofferraum

auf dem tunlichst (schnelle) Gleichmäßigkeitsrunden zu schaffen sind, wobei es leider für Driftwinkel keine Zeitgutschriften gibt. Die wirklich harten Hunde fahren im offenen Vorkriegswagen. Schneeketten aus Stahl oder Hanf sind erlaubt, manchmal auch notwendig.

Die ***Wintertrial*** ist eine Regularity an wechselnden Standorten. Manchmal Skandinavien, dann vielleicht Osteuropa. Durchhaltevermögen, Humor und gute Fahrkenntnisse sind hilfreich. Sieben Tage mit rund 30 Sonderprüfungen warten auf die Teilnehmer, Vollgas ist kein Hindernis. Motorsport-TV nannte es: *"Ice-cool rally enthusiasts head to snowy places to take a huge roster of classic rally cars well out of their comfort zone."*

Winter Raid: Eine etwas gemächlichere, trotzdem gewaltige Herausforderung für Mann, Frau und Maschine mit Start in St. Moritz. Viele Bergpässe, manchmal Schneesturm und stets saukalt. So liest sich die Ausschreibung: *„Auf Strecken nach Karte oder Roadbook haben die Teilnehmer freie Fahrt innerhalb der gesetzlichen Bestimmungen und sind an gewisse Durchschnittsgeschwindigkeiten (nicht über 50 km/h) gebunden. Geheime Kontrollen entlang der Strecke, Zeitkontrollen, diverse Regelmäßigkeits-Prüfungen, Schlauch- sowie Navigationsprüfungen. Fahrer haben sich strikte an die Regeln der schweizerischen, österreichischen, deutschen und italienischen Straßenverkehrs-Gesetze zu halten."*

Und die ***Winterclassic, HQ Teichalm*** ist definitiv nichts für Warmduscher: Start inmitten der Steirischen Alpen, ein Roadbook, das nur aus Straßenkarten besteht, und Fahrstrecken, die man sich selbst aussuchen kann. Angegeben sind nur Start- und Ankunftszeiten, mitten drin ein paar Kontrollpunkte, die man anfahren muss. Dazwischen kann man aber fahren, wo immer man will, Autobahn, Landstraße oder Feldweg. Im Schnee, manchmal auf geräumten Straßen, aber nur manchmal. Gezeitet wird nicht in Hundertstelsekunden, sondern in Minuten. Genauer ist auch nicht nötig, die Sieger haben im Schnitt eine Abweichung von einer halben Stunde!

Die hohe Kunst der flotten Fortbewegung von alten Autos erlebt einen ihrer Höhepunkte beim Auslauf in freier Natur. Sommers oder winters, meist aber mit recht hoher Geschwindigkeit. Wer es langsam mag, für den gibt es wunderbare Blümchenfahrten.

Ein Bild für Götter, der Vorkriegs-Sunbeam Supersport von 1930 im dichten Schneetreiben auf der Planai Classic

Oldtimer und Regularities – oder: *Ich hab' Dich im Gefühl*

„Wir hatten das Roadbook auf einer Papierrolle und nannten es das Toiletten-Papier. Vom Runterschauen war meinem Beifahrer Denis Jenkinson speiübel, auch von den Fliehkräften in den Kurven und vom beißenden Rauch der Bremsbeläge. Er übergab sich rechts über die Scheibe und verlor dabei seine Brille. Jenks' war dreifacher Weltmeister als Motorrad-Beiwagen-Artist. Ich kannte ihn sehr gut, weil er Motorjournalist war und der beste Navigator der Welt – sogar ohne Brillen. Als Beifahrer gab er mir Anweisungen aus den Notizen auf unserem WC-Papier."

Stirling Moss im Interview mit Oliver Zeisberger

Die fehlende Brille seines Beifahrers hielt ihn nicht davon ab, eine Fabelzeit zu fahren.

Am 1. Mai 1955 fuhr Stirling Moss, 25 Jahre jung, bei einem Straßenrennen längs durch Italien von Brescia nach Rom und zurück in einer Zeit von zehn Stunden acht Minuten eine Distanz von 1.597 Kilometern – auf öffentlichen Straßen, teils mit Menschenspalier an beiden Fahrbahnrändern! Das ergab einen Schnitt von 158 km/h. Sein Vorsprung auf den Zweiten Juan Manuel Fangio, damals 43 und bereits zweifacher Weltmeister, betrug mehr als 32 Minuten! Der letzte von 528 gestarteten Wagen, ein Fiat 1100 Turismo Veloce, kam am 279. Platz nach 22 Stunden und 40 Minuten nach Brescia zurück.

Das Heldenzeitalter des berühmtesten Straßenrennens der Welt endet 1957 mit einer fürchterlichen Unfalltragödie. Nicht vorbei ist allerdings die ***„Mille Miglia Storica"*** – wo es seit 1977 zwar etwas langsamer zugeht, aber: *„In jedem anderen Land der zivilisierten Welt wirst Du eingesperrt, wenn Du so fährst, und verlierst Deinen Führerschein auf Lebenszeit. Eine Rallye, die so nur in Italien stattfinden kann"*, sagt Hans-Joachim „Strietzel" Stuck, ein bayerischer Rennfahrer, nicht wirklich für sein langsames Fahren bekannt.

Jeden Mai startet die ***Mille Miglia*** in Brescia und bewegt hunderte Teilnehmer sowie zigtausend Begleiter auf wechselnden Straßen nach Rom und zurück. Alle paar Jahre kommen andere Orte auf der Strecke dran, ein touristisches Riesenspektakel. Vor dem Start gibt es ein Prozedere, das viele Teilnehmer schier verzweifeln lässt: italienische Bürokratie vom Feinsten. Aber das kann niemanden abhalten, auch keine Sponsoren, die ihr sicher nicht kleines Scherflein zur Veranstaltung beisteuern. Besonders zu erwähnen sind der Uhren- und Schmuckhersteller Chopard, der jedes Jahr ein spezielles Chronometer-Modell zu Ehren der MM herausgibt, und Mercedes als langjähriger Markenpartner, was nicht nur im Starterfeld eine auffallend starke Präsenz von Autos mit Stern bewirkt. Stars und Sternchen, wohin das Auge reicht. Jeder Platz in Brescia ist vollgestopft mit alten Autos, von denen nur jene Typen teilnehmen dürfen, die zwischen 1927 und 1957 die „richtige" MM fuhren. Dafür gibt es eine eigene Liste.

Allein Start und Zieleinlauf sind Großereignisse für Brescia, die ganze Stadt ist in Bewegung. Natürlich gibt es ein Roadbook, einen richtigen Ziegel aus Papier, aber eigentlich wird es nicht benötigt: Man fährt drei Tage lang einfach dort, wo ganz viele Leute am Straßenrand stehen – fehlen die einmal, ist man irgendwo falsch abgebogen. Polizisten, die ihre Motorräder reiten wie Mario Girotti alias Terence Hill seinen vierhufigen Mustang in den Spaghetti-Western, sammeln acht bis zwölf Wagen hinter sich und brausen mit „Tatütata, jetzt ist die Mille da" nicht unter Tempo 100 durch Ortschaften. Manche Oldies kommen da nicht mit. Zwischendrin und voll dabei: tausende Begleitwagen sowie Besucher aus Fern und Nah, die oft Urlaub im Windschatten dieses Straßen-Theaters machen. Gewinnen? Ja gewinnen kann man nur, wenn man Italiener ist. Und wenn man das „Tipferl-Scheißen", wie es Rallye-Welt-

Prosecco wohlverdient. 1.600 Kilometer, die Berge der Abruzzen und des Apennin schadlos überquert, Rom gesehen, komplett durchnässt und weh-gesessen. Wer die Mille Miglia schafft, hat jedes Recht im Ziel zu feiern. Brescia/Italien

15
322
322
322

zu langsam weniger zu schnell
CHOPARD
2015
GRÖBMING
2015
GRÖBMING
2016
ENNSTAL-CLASSIC
halda
TWINMASTER
TWINMASTER

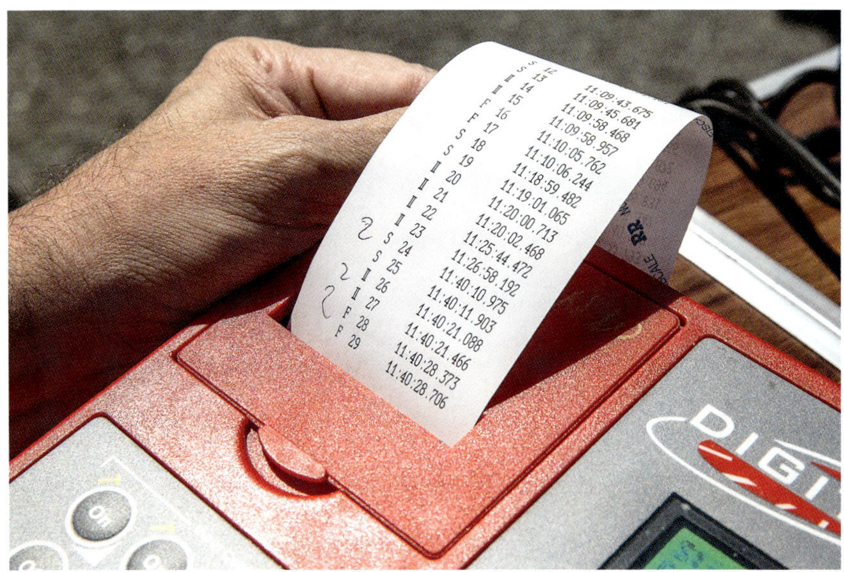

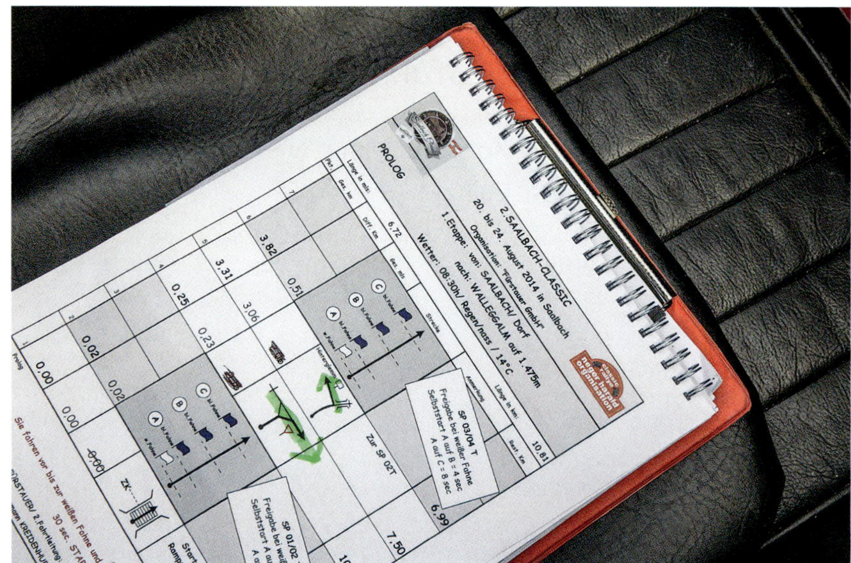
2. SAALBACH-CLASSIC
20. bis 24. August 2014 in Saalbach
PROLOG

Siata Barchetta bei einer Schlauchprüfung, bei der das Überfahren desselben die Zeit auslöst. Dies, im Gegensatz zu Lichtschranken-Prüfungen, bei der in Kniehöhe gemessen wird. Der scheinbare geringe Unterschied bedeutet „Zehntel-Abweichung", und damit ist man heute im Ergebnis-Nirwana.

meister Walter Röhrl einmal despektierlich nannte, also das In-hundertstel-Sekunden-genau-über-einen-Schlauch-fahren so perfekt kann wie die Italiener. Abweichungen von vier oder fünf Hundertstel sind oft nahe einer Katastrophe. Verdi-Dramen spielen sich ab.

WAS SIND REGULARITIES?

Das sind Wettbewerbe, im Englischen TSD für Time-Speed-Distance bezeichnet, bei denen es darum geht, eine vorgegebene Strecke in bestimmter Zeit zu bewältigen. Manchmal wird am Ende gemessen, sehr oft – sogar mehrfach hintereinander – unterwegs. An jedem Punkt der Strecke muss die vorher errechnete Zeit mit dem vorgegebenen Schnitt übereinstimmen. Gemessen wird mit GPS, Lichtschranken oder Schläuchen, die sich beim Überfahren zusammenpressen und Schaltungen auslösen. Gibt es also die Vorgabe einer Durchschnittsgeschwindigkeit von 44 km/h, so muss an jedem Punkt der Strecke die durchfahrene Zeit die vorgegebene sein – also muss man etwa bei Kilometer 7,40 in einer Zeit von 10:05,5 Minuten gewesen sein. Sollte der Schnitt sich jedoch auf 47 km/h erhöhen, so müsste man diesen Punkt schon nach 9:26,8 Minuten erreicht haben. Manche Prüfungen finden auf öffentlichen, nicht blockierten Straßen statt, andere wieder auf abgesperrtem Terrain.

Viele Veranstalter verlegen diese Sonderprüfungen an belebte Stätten. Sie verkürzen den Abstand der Schläuche, so dass man z.B. den Ersten nach vier Sekunden auslöst, den Zweiten nach zehn, den Dritten wieder nach 17 Sekunden W(was aber nicht sieben Sekunden nach dem Zweiten ist!) usw. Klingt kompliziert, ist es auch.

Prinzipiell geht es bei Regularities also nicht um Höchstgeschwindigkeit, sondern um Gleichmäßigkeit. „Gleichgültigkeit" wie Walter Röhrl es auszudrücken pflegt. Aber das kann in besonderen Fällen das Gleiche sein. Damit das Ganze in kein Rennen ausartet und nicht völlig anderen organisatorischen, rechtlichen oder sicherheitstechnischen Regulativen unterliegt, ist ein Schnitt von 50 km/h das Maximum der Vorgabe. Hört sich machbar an? Dann versuchen Sie einmal, eine

◀ Team-Briefing zum Umgang mit Roadbuch und Uhren. Wer dann auch noch Glück hat, erfährt es von der Zeitnahme. Noch vor ein paar Jahren ging es um Sekunden, heute um Hundertstel.

enge und steile Bergstrecke, vielleicht mit Gegenverkehr, mit einem modernen Auto im 50er-Schnitt zu fahren – immer gelingt das nicht! Und mit einem Oldtimer noch seltener.

Obwohl es sich um historische Autos handelt, schränken nur wenige Veranstalter den Einsatz von Uhren auf solche ein, wie sie einst üblich waren. Also ausschließlich mechanische Uhren und Wegstreckenzähler. In der ehrgeizigen Praxis heute artet es leider zunehmend in Elektronikorgien aus – digitale Messgeräte für Weg und Zeit helfen überproportional – sodass jeder, der sich mechanischer Uhren und Zeit-Weg-Tabellen bedient, ziemlich chancenlos ist. Schade!

ZURÜCK NACH ITALIEN!

Als „Schöne Schwester der Mille Miglia" eine angenehm kleinere Veranstaltung ist der ***Gran Premio Nuvolari***. Auch er zieht nach intimen Anfängen 1991 heute hunderte Teilnehmer an. Einige der Begleitpolizisten scheinen dieselben zu sein wie bei der Mille. Städte werden auch hier im Temporausch durcheilt, Ampeln sind wenig mehr als Dekor. Begründet haben den historischen Gran Premio Nuvolari 1954 die Organisatoren der Mille Miglia zum Gedenken an den 1953 mit 60 Jahren einer Lungenkrankheit erlegenen, größten italienischen Rennfahrer alter Zeiten: Tazio Nuvolari. Ein Straßenrennen durch die Po-Ebene, von Mantua über Cremona nach Brescia, ausgetragen von 1954 bis 1957. Auch hier stellte Stirling Moss mit Co Denis Jenkinson 1955 im Silberpfeil einen einsamen Rekord auf. Wegen der deutlich kürzeren Strecke und der flachen Topografie aber noch wesentlich schneller – mit einem Schnitt von 198,5 km/h.

ÖSTERREICH

Nicht, um wieder einmal vor Deutschland zu stehen, sondern wegen ihrer Bedeutung ist hier die ***Ennstal Classic*** dran. Frei nach Stuck: *„Ich habe das Glück, schon recht viele Klassik-Rallyes gefahren zu sein und glaube, es gibt zwei so richtig Gute: einmal die Mille Miglia, die ist natürlich absolut das Größte. Und die zweit-weltbeste Veranstaltung, das ist die Ennstal Classic."* Dem kann ich nur zustimmen: 1996 durfte sie mein kongenialer Beifahrer Michael Grill mit mir am Steuer gewinnen.

„Autofahren im letzten Paradies" nennt der Veranstalter seine Rallye, die seit 1993 im Herz der Steiermark stattfindet. Es ist eine sehr anspruchsvolle Rallye, bei der ein Vorkriegsauto nie gewinnen konnte – zumindest nicht bis 2017. Denn in diesem Jahre passierte das „Undenkbare" durch Alexander und Florian Deopito auf einem Lagonda LG6 Le Mans. 900 Kilometer in zweieinhalb Tagen, 500 davon an einem einzigen Tag! Schlusspunkt ist der Zenith-Grand-Prix im Start- bzw. Zielort Gröbming, wo zehntausende Zuseher ehemalige Rennfahrer und amtierende Wirtschaftsprominenz anfeuern. Bevor nämlich die „richtigen" Starter ihre letzte Prüfung absolvieren, bei der man für die Gesamtwertung zwar nichts mehr gewinnen kann, aber alles verlieren. Die Parade-Autos werden zum Teil eigens von Sammlern und Werksmuseen zur Verfügung gestellt, zu einem erheblichen Teil vom Hauptsponsor. *„Die Ennstal-Classic halte ich für eine ausgesprochen schöne, sympathische und relativ bescheidene Veranstaltung. Sie findet in schönster Landschaft statt – da habe ich mich dafür eingesetzt, dass wir sie sponsern"*, sagt dazu Dr. Wolfgang Porsche.

Allen, die das Flair der Ennstal Classic genießen und ihrem alten Renner so richtig die Sporen geben wollen, bietet die eigenständige ***Racecar Trophy*** die Möglichkeit eines artgerechten Auslaufes auf gesperrten Renn- und Bergstrecken.

Promigesellschaftlich ist die ***Kitzbüheler Alpenrallye*** schwer zu überbieten. Kitzbühel, manche sagen ein neoalpiner Nobel-Vorort von München, bietet Schau und Show, aber auch hier bemühen sich Piloten und Navigatoren redlich darum, die vorgegebenen Aufgaben mit ihren Autos zu erfüllen. Man nennt diese Rallye eine der schönsten Veranstaltungen der Alpen, auch wegen des unvergleichlich tollen Panoramas. Gefahren werden rund 500 Kilometer an drei Tagen, Abschluss sowie Höhepunkt ist die Parade in der Kitzbüheler Innenstadt. Bei den abendlichen Siegesfeiern im Festzelt kommen auch die vielen Gäste der Sponsoren nicht zu kurz, worüber sich Unternehmen wie VW, Schaeffler, Chronoswiss oder Brendberg so richtig freuen dürfen.

Seit 2001 gibt es in der Südösterreichischen Weingegend die ***Südsteiermark Classic***; eine Oldtimer-Veranstaltung, die es wie nur wenige

Fiat 1100 S Mille Miglia von 1948 am Stoderzinken/Österreich. – Nur 401-mal gebaut, satte 51 PS und sauschnell. Relativ halt, aber 150 waren es auch. Höchst erfolgreich bei der Mille, nur gewonnen hat er seine Klasse dort nie.

▶▲ So sehen Dreifach-Sieger aus. Beim abschließenden Gröbming GP, wo man kaum was gewinnen kann, aber alles verlieren. Jaguar XK 150 DHC bei der Ennstal-Classic/Österreich

▶ Letzte Anweisungen an die Mitarbeiter daheim, bevor man sich ins Renn-Getümmel wirft. Da lächeln noch viele. Später, wenn sie es geschafft haben, lachen sie breit. Foto: State of Art

andere neben der Ennstal Classic schafft, sehr viele Vorkriegsklassiker anzulocken. Allein 45 Fahrzeuge mit Baujahren vor 1940 – welch wunderbarer Anblick! In Summe gibt es rund 200 Startplätze, anders als bei vielen anderen Veranstaltern müssen immer wieder Startwillige abgewiesen werden. Gamlitz als Start- und Zielort beherbergt auch den Abschlusswettbewerb, genannt ***Chopard Welsch Grand Prix***, bei dem eine mit Zeitdurchfahrten gespickte Runde durch den Ort zu absolvieren ist. Zur Erklärung: „Welsch" hat hier nichts mit der Sprache romanisierter Völker zu tun, es ist die Abkürzung einer Weinspezialität dieser Gegend, des Welschrieslings. Dieselbe Rebe heißt anderswo: Meslier de Champagne oder auch Riesling. Von blumig-fruchtigem Aroma, spritzig, frisch. Passt zur Rallye.

„Traumautos auf Traumstraßen, ein Gipfeltreffen automobiler Schätze – seit 1998 das Original. Wo könnte die Herausforderung für Mensch und Material, für die Pioniere von einst und heute größer sein als auf den herrlichen Strecken über die Pässe in Tirol und Vorarlberg." So beschreibt sich die ***Silvretta Classic*** selbst. Als Rallye der Motor Presse Stuttgart hat sie natürlich das nötige PR-Backup, das bringt Teilnehmer und Zuschauer. Rund 150 Wagen bezwingen Bergpässe, die sie in ihrem früheren Leben kaum je erklommen hätten.

DEUTSCHLAND

Wie die Silvretta so steht auch die ***Sachsen Classic*** unter Schirmherrschaft der Motor Presse Stuttgart. Rund um Dresden und Leipzig ist im August das laut Veranstalter „längste Automobil-Museum Sachsens" unterwegs, paradiert vor der wunderschönen Kulisse historischer Prachtbauten. *„Herzlichster Empfang, Zuschauer selbst an entlegenen Streckenabschnitten, verträumte Straßen, herrliche Ausblicke, historische Orte und geschichtsträchtige Plätze, die von fast 200 Klassikern in eine sommerliche Open-Air-Automobilausstellung verwandelt werden: So geht Rallye auf Sächsisch."* So sah das jedenfalls die Netzseite von Volkswagen Classic.

Rund 180 bis 200 Autos nehmen an der von Auto Bild Klassik aus dem Axel Springer Verlag ausgerichteten Veranstaltung namens *Hamburg-Berlin-Klassik* teil. Sie *„mischen im August den Hamburger Fischmarkt auf. Vom Vorkriegs-Oldie bis zum schrillen Youngtimer – das Teilnehmerfeld der Hamburg-Berlin-Klassik ist eine Reise durch die Automobilgeschichte. Vor den mächtigen Hamburger Hafen-Kränen winkt die schwarz-weiße Startflagge die Autos durch, auf die wunderschöne Oldtimer-Rallye in ihrer klassischen Form – von Hamburg über die Mecklenburgische Seenplatte nach Berlin. Eine Ausfahrt der Extraklasse für klassische Autos, vom Kleinwagen bis zum Straßenkreuzer."* Soweit die Organisatoren. Daneben gibt es wechselnde Rahmenprogramme entlang der Strecke. Elektronische Helfer wie Navigationsgeräte trickst der Veranstalter erfolgreich aus, denn selten führt der kürzeste Weg zum angegebenen Ziel.

2.000 km durch Deutschland: Ursprünglich ein Langstrecken-Straßenrennen in den 1930ern, bei dem rund 2.000 Fahrzeuge auf einem riesigen Rundkurs vorbei an, oder durch die bedeutendsten Städte Deutschlands sausten. Es galt in verschiedenen Klassen einen vorgegebenen, oder selbst gewählten Schnitt zu er-fahren, der zwischen 56 und 88 km/h liegen konnte. Seit 1989 gibt es die Veranstaltung als Oldtimer-Rallye, nun aber nicht mehr im Renntempo, sondern als Zuverlässigkeitsfahrt, mit Start- und Zielort Mönchengladbach. Zukunft auch hier ungewiss.

NIEDERLANDE

Die ***Tulpenrallye*** gibt es seit dem Jahr 1949, und mit etwa 2000 Kilometern Länge ist sie trotz des harmlosen Namens nicht nur eine der längsten Regularities, sie ist wohl auch eine der Härtesten.

"Netherlands' eldest, largest and most famous event for classic cars, is a sporty and challenging rally for automobiles and their crews. During the day, the teams in the various classes perform a thrilling battle for the right routes and to find and list the controls at the correct passing times. At the end of each stage there is sufficient time for meeting fellow participants, relaxation and networking at the unique lunch locations and the beautiful finish places." So der recht harmlos klingende Text auf des Veranstalters Internetseite. Doch mit Relaxen oder gar genügend Zeit zum Netzwerken, damit sollte man hier eher nicht rechnen. Die Route und der Startort variieren, im Gegensatz zu den Sternrallyes ist hier jeden Abend woanders Quartier zu beziehen.

105

sparco
B. VAN ORANJE-NASSAU

Ganz in Ihrer Nähe
Electronic
8620 Wetzikon www.simpex.ch
netcycle.ch
TurbinenBräu
MÖSLER & MEIER AG
ELEKTRO-ANLAGEN
Italienisches Fahrvergnügen.... bei autoitalia.ch
Freihofstrasse 25 8048 Zürich
Orthopädie
NIRAMA
GERY.ch
BEREUTER
BLUMEN REMUND
netcycle.ch
MOTORCYCLE.CH

SCHWEIZ

Einmalig in Europa ist George und Jo Kaufmanns ***Indianapolis Oerlikon*** auf der Rennbahn Zürich-Oerlikon, wo Renn- und Sportwagen aus längst vergangenen Zeiten, aber auch Zwei- und Dreiräder die Steilkurven, die eigentlich für Fahrräder gedacht sind, umrunden. Mit ohrenbetäubendem Krawall, Schräglagen, die Piloten wie Zuseher in den Bann ziehen, und dies auf einer Strecke, die kaum einmal 400 Meter lang ist. Das Infield, also jene Fläche innerhalb der Arena eignet sich dann nicht nur zum Ausrasten, sondern für die rund 5000 Besucher auch zu Benzingesprächen aller Art.

Das Bergrennen in den Kantonen Glarus und Uri, das zwar nicht auf Zeit gewertet werden darf, aber von den meisten TeilnehmerInnen als Geschwindigkeitshetz geliebt wird, nennt sich Klausenrennen-Memorial. Mehr als 22 Kilometer schlängelt sich die Strecke mit 136 Kurven auf bis zu 2.000 Meter in die Höhe und der Streckenrekord aus dem Jahre 1934 (auf Schotter wohlgemerkt) wurde erst 1998 (auf Asphalt) unterboten. Gott, waren das früher todesmutige Helden! Zugelassen sind beim Memorial, das es seit 1993 gibt, nur Vorkriegsautos, die mit entsprechendem Gebrüll und Gestank die rund 400 Teilnehmer aber auch die rund 40.000 Zuseher glücklich machen. Nicht ganz klar ist jedoch, ob dieses Rennen in die Vergangenheit auch eine Zukunft hat.

Kaum noch zu überblicken sind die vielen spektakulären und professionell organisierten Regularities, hier nur im Ansatz dargestellt. Den vielleicht besten Überblick über die meisten europäischen Veranstaltungen dieser Art bieten die Netzseiten zwischengas.com und vhclassics.de

Indianapolis in Oerlikon. Einmal im Jahr darf auf der offenen Rennbahn mit Motorenlärm gefahren werden. Statt 200 Zuseher, wie bei den Radrennen, die hier sonst stattfinden, kommen mehr als 5.000!

Einer von drei je gebauten und sehr erfolgreichen Triumph TR 2 - Werksrennwagen. 14. in Le Mans 1955! Vor Jahren als Teileträger gekauftes Aschenputtel, heute wieder auferstanden und bei vielen historischen Wettbewerben zu bewundern.

Leider ist das hier kein Klang-Bild – es würde Sie, geneigte Leserinnen und Leser, vom Hocker fegen. Maserati A6GCS/53 von 1954 beim fast artgerechten Auslauf.

Oldtimer-Reisen – oder: *Die Entdeckung der Langsamkeit*

„Oldtimer-Reisen? Damit hab' ich ein Problem. Wann immer wir in einem alten Auto auf Urlaub gefahren sind, gab es Theater. Meine Frau warf mir oft vor, dass nicht der Urlaub das Wichtigste war, sondern ‚dieser scheiß alte Karren'. Weil immer irgendwas war … Irgendwann hat sie dann gesagt: ‚Nie wieder Urlaub mit dem alten Auto …' Einmal sind wir mit einem Porsche 356 nach Monte Carlo und wollten uns was ganz Besonderes gönnen. Wir stiegen also im Hotel de Paris ab. Bei diesem Hotel kann man seinen Wagen aber nicht selbst parken, das machen Angestellte in weißen Handschuhen, die stellen ihn in die Tiefgarage. Nun war das bei unserem Porsche anders, der konnte nämlich nicht starten, denn der Anlasser war kaputt! Es war dann besonders peinlich, als die Bediensteten den Wagen vor allen anderen Leuten wegschieben mussten. Meine Frau hat sich beinahe zu Tode geschämt."

Dirk-Michael Conradt, Journalist,
Autor eines (in Italien) preisgekrönten Porsche-356-Buches
und 1984 Gründer der Zeitschrift „Motor Klassik"

WAS LERNEN WIR DARAUS?

Erstens: Soll ein Oldtimer auf eine längere Reise gehen, muss man ihn gründlich darauf vorbereiten. Und Glück haben, dass er auch hält.

Zweitens: Es gibt Anbieter von Touren mit beigestellten klassischen Fahrzeugen, dann liegt die Verantwortung beim Veranstalter, ob der Wagen so fährt, wie er soll.

Seit mehr und mehr alte Autos auf die Straßen kommen und die Menschen mehr Zeit, Geld und auch Muse haben, werden Ausfahrten nicht mehr allein in die engere Umgebung unternommen, vielmehr geht es zu Wettbewerben, Ausstellungen oder Clubtreffen. Vermehrt wird mit Oldtimern auch weiter gereist.

Möglich wurde das, weil die alten Vehikel heute oft in wesentlich besserem Zustand sind als vor Jahrzehnten, und ebenso, weil es inzwischen eine Heerschar von Organisatoren auf der ganzen Welt gibt, die derartige Touren anbieten. Gereist werden kann meiner Meinung nach sehr wohl „ohne Netz", also selbst organisiert, und dies allein, vielleicht in kleiner Gruppe. Oder aber man schließt sich einer geführten Tour an, bei der es meist abgestufte Pakete an Selbstverantwortung und Unterstützung aller Art gibt.

DIE SELBST-REISE. SPANNEND?!

Logisch: Man muss sich vorbereiten, und der Wagen sollte in gutem Zustand sein. Vielleicht hat gerade eben eine Inspektion stattgefunden? Und wenn doch was ist? Dann hat man hoffentlich ein paar Ersatzteile an Bord und kann womöglich selbst Hand anlegen. Während einer längeren Reise können die alten oder auch sehr alten Gefährte einen Öl- oder Zündkerzenwechsel verlangen, vielleicht sogar Feineinstellungen am Vergaser beim Erklimmen höherer Berge oder auch Schmierungen aller Art. Das kann schmutzige Finger bedeuten.

Manche alte Autos haben Eigenheiten, was das Mitnehmen von Gepäck anbelangt: Ist genug Platz für das Mitzunehmende? Gibt es einen Kofferraum und ist dieser wasserdicht? Kein Problem, sagen Sie? Auf dem Fahrzeugboden ist auch Platz. Dort kann es aber ganz schön heiß werden, da oft keine ausreichende Isolierung vorhanden ist. Die schöne Schweizer Schokolade geht dann womöglich eine innige Beziehung mit der Burberry-Tasche ein – dann möchte ich nicht in Ihrer Haut stecken.

GEFÜHRTE REISEN

Eine Vielzahl von Anbietern offeriert Varianten und Leistungsstufen von organisierten Reisen. Diese Touren kann man je nach gewählter Art mit dem eigenen Wagen machen oder auch mit beigestellten Oldtimern.

Zuerst die sternförmige Variante, bei der man an jedem Abend in das gleiche Quartier zurückkehrt. Dieses ist meist ein Luxushotel, manchmal ein Schloss, und die jeweiligen Betreiber haben großes Interesse, die so Reisenden möglichst liebevoll zu umsorgen; manche kommen nämlich auch schon ein paar Tage vor der Veranstaltung

Schweizer Saurer Panorama-Reisebus auf der Teufelsbrücke kurz vor Andermatt am Gotthardpass. Eine tolle Zeitreise mit traumhafter Aussicht.

UR·9452

Citroën-Ausflug mit DS, Safari und SM –
ein rares Zusammentreffen mit Göttin

Meist ist der Wohnanhäger größer als der Zugwagen; bei diesem Gespann mit BMW 600 von 1957/58 ist das umgekehrt. Schon erstaunlich!

und reisen mitunter erst ein paar Tage danach wieder ab, weil sie vielleicht vom Oldtimer-Fahren fix und fertig sind, oder es ihnen vor Ort so gut gefällt. Gefahren wird sehr oft nach Roadbooks vorangegangener Rallyes oder Regularities. Vorteil dieser Sternvariante ist, dass das tägliche Packen entfällt, was bei einem (nach heutigen Maßstäben) vielleicht nicht ganz idealen Reisewagen höchst angenehm sein kann.

Variante Zwei führt in immer wieder neue Gegenden. Dabei wird das notwendige Navigieren manchmal zur Herausforderung. Auch hier gibt es, je nach Brieftasche und Interesse, schöne bis sehr schöne Übernachtungsdomizile. Immer mehr in Mode kommen Reisen, die zeitgleich mit großen Events wie der Mille Miglia, Targa Florio oder Carrera Panamericana stattfinden. Dabei können die Teilnehmer bewundert, manchmal auch bemitleidet werden. Man kann dann mit Gleichgesinnten die womöglich ohnehin engen Straßen noch weiter verengen und dann beobachten, wie die Rennfahrer und deren Beifahrer auf der Jagd nach Hundertstelsekunden zu Furien werden.

Geführte Reisen sind bequemer und entspannender, da alles bereitgestellt wird – von der Anreise über das Quartier und vom Roadbook bis zum vorbereiteten Automobil. Natürlich ist man dabei auf einen ganz bestimmten Oldtimer festgelegt. Manch einer nützt so jedoch die Chance, mit einem Wunschauto zu fahren, bevor man sich entscheidet, dieses Modell womöglich selbst zu erwerben.

Oldtimerreisen bedeuten „Urlaub in Zeitlupe". Schnell ist da eher kontraproduktiv. Zu zweit oder in Gesellschaft – es werden Gegenden entdeckt, in die man sonst kaum hinfahren würde. Rundum-sorglos-Pakete offerieren einen Urlaubsgenuss, der zumindest einmal im Leben ausgekostet werden sollte. Wie eine Kreuzfahrt.

▶▲ Schweizer Austin-Seven-Fraktion beim Ausflug

▶▼ Gemessen wurde die „Langsamkeit" der Schnauferln damals oft mit dem schon 1905 patentierten „Geschwindigkeitsmesser" von Dr. Oskar Junghans. Dieser war vermutlich ein Auftragswerk der Executive – denn das mechanische Kunstwerk besaß einen Aufzeichnungsmechanismus!

◀ Wäsche luftgebügelt vom Motörchen des Fiat 500 - solang es halt nicht regnet. Dann nämlich ist die Wäsche inklusive (denn Lederkoffer sind nie dicht).

80
70
60
20
50
30
40
Km. pro Stunde.
PATENT Dr. O. JUNGHANS.

Oldtimer und Pflege – oder: *Out of Sight*

Ein klassisches Automobil benötigt etwas mehr Aufmerksamkeit als ein Neuwagen oder ein junger Gebrauchter. Seine Technik ist – relativ zur modernen Fahrzeugtechnik – meist einfach, seine Wartung ist, sofern man sich bei seinem Modell auskennt, relativ simpel. Da kaum ein Oldtimer regelmäßig gefahren wird und längere Stehpausen einem Wagen immer schlechter bekommen als ständige Bewegung, kann dies zu erheblichem Pflegebedarf führen.

In der Regel geben Betriebs- und Reparaturanleitungen, aber auch Clubs und Interessengemeinschaften ergiebige Auskunft über die jeweils notwendigen, modellspezifischen Anforderungen.

Hier in knappen Worten das Wichtigste:

TROCKEN UND SCHATTIG!

Oldtimer sollten kühl und trocken aufbewahrt werden. Wenn es irgendwie geht, ist eine Garage für die Preziose dann richtig, wenn sie trocken ist. Den größten Schaden bei Klassikern richtet Feuchtigkeit an, besonders die Luftfeuchtigkeit. In fast jeder Garage kann ein Luftfeuchte-Reguliergerät ein ideales Klima schaffen, die richtig guten beseitigen auch etwaige Geruchsbelästigungen.

Man sollte den Wagen unbedingt vor direkter Sonneneinstrahlung schützen. Sie beeinträchtigt nahezu alle Bereiche des Autos, vor allem, weil die schädigende Wirkung von UV-Strahlen (nicht nur für Menschen, sondern auch) fürs Material damals noch nicht bekannt war.

Oberflächen aller Art gehören gereinigt, geschützt und gepflegt. Sei es der Lack, alle galvanisierten Teile, jene aus Kunststoff oder Leder, aber auch Reifen oder Verdecke.

WER RUHT, DER ROSTET

Die Technik von Oldtimern gehört bewegt. Stehen schadet deutlich mehr als Bewegung. Dichtungen werden fest, Dichtringe spröde, alle Stellen, welche Öl benötigen und es nicht kriegen, werden trocken.

Motoröle sind eine Quelle von endlosen Diskussionen. Wenn es irgend geht, sollte man immer die Hersteller-Empfehlung anwenden! Zusätze würde ich eher vermeiden und dafür öfter das Öl wechseln. Auch benötigen manch alte Autos Einbereichs- und keine Mehrbereichs- oder gar synthetische Öle. Diese können die Motoren schädigen, wenn sie Ablagerungen mitschwemmen. Soweit ich mich erinnere, schrieb sogar der 911er Turbo ein Einbereichs-Öl vor …

Batterien sollten entweder an Dauer-Ladegeräte angeschlossen oder ausgebaut und warm gelagert werden. Tanks tunlichst randvoll halten, ansonsten drohen Korrosion sowie später verstopfte Kraftstoffleitungen.

Sofern man Fahrzeug-Abdeckungen verwendet, bitte nur solche aus atmungsaktivem Material. Plastik oder andere Kunststoffe sind in der Regel ungeeignet, da sich bei Temperaturschwankungen Kondenswasser bildet, das Korrosion und Schimmel nach sich zieht.

Die Fenster sollte man immer einen Spalt offenlassen, um damit Luftzirkulation zu ermöglichen.

Ein Verdeck darf nie über längere Zeit komplett geöffnet bleiben, es drohen Falten und Knicke sowohl im Verdeckstoff, mehr noch in den Kunststoff-Heckscheiben.

Vor dem Abstellen wäre die Innenausstattung gründlich zu kontrollieren, ob sich beispielsweise Feuchtigkeit unter den Bodenmatten gesammelt hat. Wenn ja, muss man den Schaden eruieren und beseitigen. Die Gummimatten aber zwecks Belüftung zumindest weggeklappt lassen.

Gummidichtungen kleben an, wenn die Türen oder Deckel länger nicht geöffnet werden. Deshalb diese Dichtgummis entsprechend pflegen oder die beweglichen Teile öfter betätigen.

Wenn man die Handbremse länger angezogen lässt, können die Beläge festkleben.

Das Getriebe möge man auf Leerlauf stellen, der Druck kann Spuren auf den Zahnrädern hinterlassen. Wenn nötig, Keile zur Sicherung vor oder hinter die Räder stellen.

Schlösser und alle anderen Teile kann man mit – wenig! – Öl oder Fett gängig halten.

Auch rauere Zeitgenosssen, die sich nicht scheuen ihre Lieblingsmotive in den Arm stechen zu lassen, haben ihre weiche Seite. Hier ein Liebhaber … oder je nach Autotype: lover, aficianoado, amante, amant … bei der intensiver Beziehungspflege.

LANCIA
DELTA HF

Bei einer Handwäsche (links) oder Politur erfährt man mehr über sein Auto als aus der Betriebsanleitung.

WINTERSCHLAF

Der Kühler-Frostschutz wäre zu kontrollieren und notfalls zu ergänzen. Das Gemisch soll aber für eher tiefe Temperaturen gewählt werden. Damit sich der Frostschutz jedoch verteilen kann, muss man den Motor vor dem Abstellen einige Zeit laufen lassen!

Das Scheibenwaschwasser muss man mit Frostschutz versehen und unbedingt mittels Betätigung der Waschanlage bis in die Düsen verteilen.

Den Reifendruck sollte man auf zirka drei Bar erhöhen. Oder aber den Wagen aufbocken.

Wenn es irgendwie geht, sollte man den Oldtimer trotz Kälte, Eis und Schnee, zumindest alle paar Wochen kurz bewegen. Den Motor jedoch warm fahren und nicht nach kurzem Lauf gleich wieder abstellen.

Einen Ölwechsel, sofern er angedacht oder angebracht ist, sollte man vor der Winterpause durchführen. Ebenso der Wechsel aller anderen Flüssigkeiten wie: Bremssystem, Servolenkung, Hydraulik, Klimaanlage, was aber nur von Zeit zu Zeit nötig sein sollte.

Bei (manchen) Repro-Chromteilen ist das Einschmieren mit Vaseline zu empfehlen, da die Chromschicht speziell bei Nachfertigungen oft sehr dünn und daher die Rostgefahr groß ist.

WINTERBETRIEB?

Prinzipiell ist meiner Meinung nach gegen ein Fahren des Oldtimers im Winter nicht viel einzuwenden, sofern der Wagen die passenden Reifen hat. Jedoch vorausgesetzt, man fährt nicht in Gegenden, wo neben den Preisen auch die Straßen gesalzen sind. Wenn doch, dann unbedingt von unten gründlich reinigen und trocknen lassen, bevor der Wagen wieder in der Garage verschwindet.

FRÜHLINGSGEFÜHLE!

Einfach alle obigen Empfehlungen (sofern möglich) rückgängig machen, und ein paar zusätzliche Punkte beachten. So zum Beispiel: Sofern man den Wagen temporär stillgelegt hat, muss man die Behörden von einer erneuten Inbetriebnahme verständigen. Bevor man das Auto bewegt, einmal eine einfache Sichtkontrolle vornehmen, ob irgendwelche Standschäden erkennbar sind. Dann den Reifendruck wieder auf die Hersteller-Empfehlung absenken, die Batterie laden, wieder einbauen und wenn sie nicht wartungsfrei sein sollten, auch nachsehen, ob genug Batterie-Säure vorhanden ist. Dann den Oldtimer außen wie innen gründlich reinigen, was auch den Zusatznutzen hat, dass man sich wieder mit verschiedenen Funktionen beschäftigen muss, die sehr oft so ganz anders sind als bei einem Neuwagen. Den Motor im Stand kurz laufen lassen und auf eventuelle Flüssigkeitsverluste achten – auch unter dem Wagen! Dann eine vorsichtige Probefahrt durchführen, und dies mit Kontrolle aller Funktionen. In den Wagen hineinfühlen und -hören. Aber nicht alle Fremdgeräusche sind bedenklich, so können Bremsgeräusche durch angerostete Scheiben oder Trommeln entstehen, die sollten sich aber bald wieder legen. Am besten funktioniert das, wenn man für eine Weile gleichzeitig bremst und Gas gibt. Wenn es nötig ist, Inspektionen wie TÜV-Überprüfung, Vollgutachten oder Überprüfung nach § 57a durchführen.

Eine perfekte Möglichkeit seine Schätze gut untergebracht zu sehen, und gleichzeitig für ihrw Pflege zu sorgen, ist das in den letzten Jahren entstandene Geschäftsmodell einer Classic Remise. Hier kann man verschiedene Dienstleistungen für und rund um seinen Oldtimer in Anspruch nehmen, ihn aber auch garagieren. Fachhändler sowie Erlebnisgastronomie sind ebenfalls ein Teil dieser Häuser, die oftmals in anspruchsvoller historischer Industriearchitektur untergebracht sind.

Oldtimer benötigen deutlich mehr Aufmerksamkeit als neuere Autos. Es gibt jedoch Profis, sowohl für die Pflege, wie auch für das Ein- und Auswintern, die Ihnen diese Arbeit abnehmen können. Zeit lassen und Zeit nehmen, lautet die Devise! Alle Oberflächen innen wie außen bedürfen der Beachtung. Nie nach längerer Standzeit ohne eingehende Kontrolle wegfahren. Denn: Stehen schadet mehr als Fahren!

▶ Gut, wenn die Schätze passend untergebracht sind. Doppelt passend, wenn die Architektur des Unterstands ebenfalls „vintage" ist.

▶▶ Perfekt angepasster Auto-Pyjama am vierrädrigen Freund, dem Citroën Ami 8

Oldtimerversicherung – oder: *Ich habe fertig*

Hoppala - oder neudeutsch: Oops

„Da fällt mir ein Schadensfall ein, der uns vor Jahren ereilte. Da muss eine enttäuschte, vernachlässigte oder verlassene Freundin so erbost gewesen sein, dass sie mit einer Bohrmaschine einem von uns versicherten Fahrzeug ungefähr 50 Bohrlöcher antat. Ein absoluter Totalschaden".

Thomas Sühr, Miteigentümer des Oldtimer-Spezialversicherers OCC

So schlimm muss es ja nicht immer kommen. Aber jedes Fahrzeug, ob es nun gefahren wird oder nicht, sollte versichert sein. Zu unterscheiden ist in Deutschland, der Schweiz und Österreich nach den drei Versicherungsarten ***Haftpflicht***, ***Teil***- und ***Vollkasko***.

Im englischen Sprach- und Rechtsaum gilt ein etwas anderes System, hier ansatzweise dargestellt. Die verpflichtende ***Liability Insurance*** ist eine Haftpflichtversicherung mit Minimal-Deckung, die Schadenersatzforderungen von Dritten abdeckt. Dann gibt es ähnlich wie bei uns die freiwillige ***Third Party, Fire & Theft (TPF&T)***-Versicherung, die eine erhöhte Haftpflicht abdeckt, zusätzlich auch mögliche Schäden am eigenen Auto. Darüber hinaus reicht die ebenso freiwillige ***Comprehensive***-Versicherung, die sehr ähnlich unserer Vollkasko wirkt. Sie deckt in der Regel alle oben genannten Schäden ab, plus solche am eigenen Auto und selbst medizinische Folgekosten, alles unabhängig von der Verschuldensfrage.

Manche Versicherer offerieren bei uns alle Varianten von Autoversicherungen, manche jedoch davon nur Teilbereiche. Anbieten lassen sollte man sich alles, was man zu versichern beabsichtigt, zuerst einmal von seinem „normalen" Versicherer, der auch sonst sämtliche privaten oder Firmenversicherungen abdeckt. Gut beraten ist man wohl, wenn man sich – zumindest zusätzlich – an einen Spezialanbieter wendet, sehr oft hat er ein besseres Angebot. Auf einschlägigen Internetseiten finden sich zahllose Anbieter.

▶ Die „normale" Kaskoversicherung deckt in der Regel Schäden bei Gleichmäßigkeitsbewerben, sofern unter 50-km/h-Schnitt gefahren wird. Das sieht aber mehr nach einem Rennunfall aus, und bedürfte einer eigenen Deckung.

DELLEN, ODER MEHR …

Die meisten Versicherer decken sehr ähnliche Gefahren ab. Es ist aber ratsam, die Versicherungsverträge und ihre Bedingungen im Detail sehr genau zu vergleichen.

Nicht versichert sind im Regelfall: Verschleiß, Rennen, grobe Fahrlässigkeit sowie alle Folgen eigener Dummheit. Was im Streitfall Rechtsanwälten gewisse Verdienstchancen eröffnet, deren wohlverdiente Früchte sie wiederum in Oldtimer investieren können.

Für eine ***Oldtimer-Kaskoversicherung*** bestehen fast immer bestimmte Voraussetzungen: ein entsprechendes Alter des Wagens und ein gewisser Zustand, seine Unterbringung bzw. Garagierung, eine geringe Kilometerleistung, die Notwendigkeit eines nachweisbar verwendeten Erstwagens, manchmal auch vom Mindestalter des Fahrers. Keine Voraussetzung hingegen ist, ob der Wagen angemeldet oder fahrtauglich wäre.

Wichtig ist zu wissen, was man wirklich will. Einerseits wird das sprachliche Kauderwelsch – sprich Versicherungsdeutsch – in steigendem Maße unverständlicher. Andererseits bieten mehr und mehr Versicherungen maßgeschneiderte Lösungen an.

WORTE, DIE VIEL BEDEUTEN KÖNNEN

Abwicklung: Erkundigen Sie sich im Vorfeld bei Leuten, die schon länger Oldtimer versichert haben, was für Erfahrungen sie mit ihrem Versicherer haben. Vor allem aber mit dessen Schadensabwicklung. Meist sind Anbieter, die zwar eine gute Vorbereitung fordern, dann jedoch rasch und nicht allzu bürokratisch reagieren, die Besten.

Rabatte: Mehr und mehr Versicherungs-Anstalten bieten spezielle Rabatte an, für bestimmte Nutzung, für Mitgliedschaften (z.B. bei Autofahrerclubs), für Vorschadensfreiheit, für ein bestimmtes Alter des Autos, für Flotten, bei ausschließlicher Standversicherung oder aber bei limitierter Kilometerleistung, etc.

Gutachten: Die meisten Versicherer fordern ein Gutachten eines entsprechend befugten Sachverständigen. Vor allem, wenn bestimmte Werte überschritten werden. Immer erforderlich ist eine

LACKROCK
1
1

„Motorracing is dangerous" warnen mache Veranstalter, dieser Teilnehmer dürfte das überlesen haben. Glücklicherweise trägt dieser Jaguar XK 12 einen nicht zeitgemäßen Überrollbügel.

Einzigartige Fahrzeuge wie dieser GAZ - GL1 aus Russland benötigen unbedingt eine umfassende Dokumentation, damit versichert und im Schadensfall auch entsprechend reguliert werden kann.

umfassende Expertise, wenn das Auto zu seinem Wiederherstellungswert versichert werden soll. Wichtig auch, dass das entsprechende Gutachten nicht älter als zwei bis vier Jahre sein darf, je nach Versicherer.

Markt- und Wiederherstellungswert: Es gibt eine Menge an unterschiedlichen Definitionen von Werten, wobei hier nur die zwei Wichtigsten angeführt sind. Der Marktwert: Allen Begriffsbestimmungen ist mehr oder minder gleich, dass damit jener Betrag gemeint ist, zu dem ein Wagen gehandelt wird; inklusive Mehrwertsteuer sowie der Spanne des Händlers. Der Wiederaufbauwert oder auch Wiederherstellungswert ist meist einer, der – manchmal weit – über den Marktwert hinausgeht, da oft viel mehr Geld in eine Restaurierung oder den Wiederaufbau investiert wurde, als der Wagen am Markt wert ist. Damit Sie nun im Schadensfall auch diesen Wert abgedeckt bekommen, bieten manche Versicherer an, die gesamten Kosten zu decken. Hier zahlen Sie entsprechend mehr für eine höhere Deckung, die maximal bis zu der vereinbarten Versicherungssumme gegeben ist.

Selbstbeteiligung/Selbstbehalt: Meine Erfahrung zeigt, dass es besser ist, höhere Deckungen zu suchen und dafür einen größeren Selbstbehalt in Kauf zu nehmen. Die Prämien sind dann überproportional niedriger; es dürften in der Vergangenheit vermutlich zu viele Bagatellschaden-Regulierungen begehrt worden sein, deren Verursachung nicht immer völlig klar war. Ein Totalschaden oder eine richtig große Reparatur tun entsprechend weh, kleinere Reparaturen jedoch nicht so sehr.

Unterversicherung: Nach allgemeiner Definition liegt eine solche dann vor, wenn die Versicherungs-Summe niedriger ist als der (Versicherungs-)Wert des Wagens. Nachdem der Marktwert von Oldtimern einer starken Schwankung unterliegt, kann es leicht vorkommen, dass ein Versicherungswert nicht entsprechend angepasst wird. Im Falle einer Unterversicherung könnten Sie

▲▲ Ob die Uhr mitversichert ist?

▲ Angebundene Räder schützen nicht besonders gut vor Dieben - zumindest Versicherungen sehen das so.

▲▲ Auch schwierig, der Originalitätsnachweis bei raren Rennwagen, wie hier beispielsweise dem Maserati „Birdcage" (1959–1963)

▲ Wer sein Auto fremden Händen überlässt sehe zu, dass es dort auch entsprechend versichert ist.

Der Sprint mit diesem Alfa 1900 Touring von 1953 endete in einem Desaster. Hoffentlich war er versichert.

dann im Schadensfall erheblich weniger bekommen, als Ihre Deckungssumme ausmacht. Viele Versicherer bieten einen Verzicht auf Unterversicherung an, bei anderen muss man das eigens vereinbaren.

Anpassung: Die meisten Versicherungen verlangen alle paar Jahre eine Anpassung. Dies natürlich unter dem Aspekt, dass die Werte variieren. Aber das ist nicht der einzige Grund. Einerseits steigen die Reparaturkosten stetig, insbesondere die der Ersatzteile, und andererseits ist vom Versicherungsnehmer im Schadensfall nachzuweisen, dass sich sein Wagen immer noch in einem Zustand befindet, wie zu Beginn des Vertrages vom Gutachter besichtigt.

Sonderlösungen: Die meisten Versicherer sind durchaus gesprächsbereit, geht es um spezielle Problemstellungen. Sind der oder die Wagen beispielsweise Teil einer Sammlung und werden sie ausschließlich transportiert, auf Messen und Ausstellungen gezeigt, so ist vielleicht die Versicherung von gegenseitiger Beschädigung der eigenen Autos gefragt, die sonst nämlich ausgeschlossen ist.

> Versichern beruhigt – vergleichen verbilligt. Werte sollte man von Gutachtern ermitteln lassen und nicht nur selbst schätzen. Ein Update spätestens alle zwei Jahre gibt den jeweils gültigen Wert am besten wieder, es können damit viele Diskussionen verhindert werden. Für jeden einzelnen Oldtimer, aber auch für Sammler bieten heute Versicherer punktgenaue Lösungen an. Und abschließend: meistens kosten Versicherungen deutlich weniger als angenommen.

ALFA·ROMEO
MILANO

SPECIAL 7

Oldtimer und Kunst – oder: *Nomen est omen*

▶▲ Renn-Gemälde von Alexander Calder. Beifahrer des Art-BMWs ist hier der Künstler selbst.

▶ Unten freut er sich sichtlich über dieses sowohl künstlerische als auch automobile Abenteuer.

Andy Warhol zum BMW M1, 1979:
"I love that car. It has turned out better than the artwork. I have tried to give a vivid depiction of speed. If a car is really fast, all contours and colors will become blurred."

Jeff Koons zum BMW M3 GT2, 2010:
"These race cars are like life, they are powerful and there is a lot of energy.[...] „You can participate with it, add to it and let yourself transcend with its energy. There is a lot of power under that hood and I want to let my ideas transcend with the car – it's really to connect with that power."

Roy Lichtenstein zum BMW 320i Turbo, 1977:
"I wanted the lines I painted to be a depiction of the road showing the car where to go. The design also shows the countryside through which the car has travelled. One could call it an enumeration of everything a car experiences – only that this car reflects all of these things before actually having been on a road."

Diese drei und in Summe insgesamt 16 Künstler verwandelten Renn- und Straßenwagen von BMW in rollende Kunstwerke, die sogar eine eigene Bezeichnung bekamen: ***„BMW Art Cars"***. Das erste Kunstwerk aus dieser Serie war ein vom amerikanischen Bildhauer Alexander Calder (1898–1976) bemalter BMW 3.0 CSL, der derartig aufgeputzt 1975 bei den 24 Stunden von Le Mans an den Start ging. Initiator war der französische Rennfahrer und Auktionator Hervé Poulain, der davon träumte *„einmal im Leben das 24-Stunden-Rennen in einem Kunstwerk zu fahren"*.
Das Kunstwerk hielt, seine Technik leider nicht – Poulain fiel aus. Alle Fahrzeuge dieser Serie sind noch erhalten und werden rund um die Welt in diversen Ausstellungen gezeigt.

Janis Joplin: *"My friends all drive Porsches and I must make amends ..."* Die künstlerische Bemalung von Autos war schon länger eine Verschönerungs-Variante, wenngleich nicht immer unumstritten. Das von der amerikanischen Rocksängerin (1943–1970) mitgestaltete und vom Amerikaner Dave Richards bemalte, danach so gut wie täglich gefahrene Porsche 356 Cabriolet war vielmehr ein Statement der wilden 1968er. 2015 wurde der Wagen versteigert, er erzielte rund 1,6 Millionen Euro!

Ein weiteres besonderes Beispiel für Autobemalungen sei die russisch-französische Malerin, experimentelle Künstlerin und Designerin ***Sonia Delaunay,*** Vertreterin der geometrischen Abstraktion. Zu ihren Vorbildern zählten keine geringeren als Vincent van Gogh und Paul Gauguin. Sie arbeitete mit Hans Arp, fertigte Stoffentwürfe und wurde 1975 in die Ehrenlegion aufgenommen. Ihr grafisches Gesamtwerk vermachte sie 1976 dem Centre Georges Pompidou. In prominentem Privatbesitz blieben von Sonia Delaunay künstlerisch gestaltete Unikate von Bugatti 37 oder Matra-Simca MS 530.

Thomas Sühr zum Thema Oldtimer und Kunst:
„Interessant, dass man in den letzten Jahren dazu übergegangen ist, spezielle Fahrzeuge als Kunstwerke auf Rädern zu betrachten. Und wenn man die Wertentwicklung sieht, die ja viele Fahrzeuge genommen haben, dann ist das durchaus vergleichbar mit dem, was in der Kunstszene passiert."

EIN BILD VON (SORRY VOM) AUTO

Der Freiburger Künstler ***Uli Hack*** gestaltete nicht nur Formel-1-Plakate, er malte auch viele Bilder, die historische Fahrzeuge als Motiv hatten. Mit der ihm eigenen Spachteltechnik schafft er Bilder von rasant bewegter Farbe.

Christian Anner wurde beim Schrauben an Oldtimer-Motoren zum Zeichnen bzw. Malen inspiriert und begann die Triebwerke auf Papier zu

BMW Motorsport
GOODYEAR
EAGLE

Skulptur von Robin Bark, „Jaguar XK 120 - Jabbeke" anlässlich Ron Suttons Rekordfahrt auf ebendiesem Wagen auf der Jabbeke-Ostende-Autobahn in Belgien im Jahre 1949.

▶ Uli Hacks kaum gezeigtes Auftragswerk des Werkswagen von Ake Anderson. Porsche 911S bei der East-African-Safari-Rallye im Jahre 1971. Acryl auf Leinwand

bannen. Später kamen zu den Motoren die dazugehörigen Autos hinzu, wobei er meist in Kreide und Kohle arbeitet.

Der Japanische Künstler ***Hiro Yamagata*** nimmt alte Mercedes Cabrios aus den 1950ern, lackiert sie in Weiß und raut dann die Oberfläche auf. Darauf bildet er dann Blumen sowie Vögel in leuchtenden Farben ab.

Der Steirer ***Gustav Troger*** ist international dafür bekannt, dass er verschiedenste Objekte „verspiegelt". Eines seiner Werke aus dieser Serie ist ein 1964er Porsche 356. Kleine und kleinste Spiegel-Elemente wurden vom Künstler Stück für Stück ausgemessen und exakt für ihren bestimmten Platz aus großen verspiegelten Glasscheiben heraus geschnitten, sodass kein Teil dem anderen gleicht. Troger benötigte dafür rund sechs Monate, was im Vergleich zu Andy Warhols (1928–1987) aufgebrachten 25 Minuten für die Bemalung des 1979er BMW M1 doch einen beträchtlichen Aufwandsunterschied ausmacht. Und nach Warhols Worten *„soo lange auch nur deshalb, weil das Fernsehen zu spät kam!"* Sonst wäre er in fünf Minuten fertig gewesen!

AUTOSAMMLUNG DER ANDEREN ART

Daimler Art Collection: Die 1977 gegründete Sammlung deutscher und internationaler Künstler umfasst neben Werken der abstrakten Avantgarde auch zahlreiche Arbeiten der automobilbezogenen Kunst – beispielsweise die Serie Cars, die Andy Warhol für Mercedes-Benz 1986/1987 gestaltete.

MAC – Museum Arts and Cars: In Singen in Süddeutschland steht das MAC, welches sich zum Ziel gesetzt hat, das Spannungsfeld Automobil und Kunst zu beleuchten. Es werden sowohl Kunstwerke gezeigt, etwa von Andy Warhol, aber auch Exponate von Automobil-Museen, beispielsweise der Sammlung Schlumpf.

Auto-Kunst-Aktionismus: Im Jahr 2000 schenkte sich der Geschäftsmann Michael Fröhlich zu seinem 50. Geburtstag eine Mischung aus Aktionskunst und Automuseum. Er erstand 50 Automobile, alle Jahrgang 1950, und „wilderte" sie aus. Das heißt, er platzierte sie in einem Wald und ließ der Natur ihren Lauf. *„Ich wollte einfach die Situation von 1950 einfrieren"*, so Fröhlich fröhlich, *„eben auch jene der Autos."*

DEN KURVEN FOLGEN – IN 3D

Riesenkunstwerke im Goodwood-Park: Jedes Jahr wird anlässlich des Goodwood Festival of Speed vor dem Schloss des Earl of March and Kinrara eine Riesenskulptur des Aktionskünstlers Gerry Judah aufgebaut. Und jedes Jahr ist sie angelehnt an ***„the featured Marques"*** (die jeweilige Marke im Mittelpunkt) der Veranstaltung. Ob BMW, Bentley oder Porsche, stets wird mit, rund und um ein bestimmtes Modell die passende Skulptur erschaffen.

Skulpturen in Miniformat: Der Schweizer Künstler Dante Rubi bildet Automodelle in Gold nach. Im Maßstab 1:24 werden ausgesuchte Fahrzeuge nachgebaut, meist aber nicht so, wie sie von außen erscheinen, sondern als Gold-Gerippe. So, wie ein Holzmodell für eine Karosse aussieht, über das im wirklichen Leben die Karosseure ihre Alu- oder Stahlbleche anpassten.

Der Engländer ***Robin Bark,*** Maler sowie Bildhauer, ist eigentlich gelernter Goldschmied und lässt Skulpturen entstehen, die verkleinert in ihrer vereinfachten Dynamik, Geschwindigkeit sugge-

Shell

▶ Flügeltürer auf dem Weg in den Himmel – so nennt der Fotokünstler René Staud sein Werk, auf Englisch: „Gullwing to Heavan". Mit viel Feingefühl vereint der Künstler hier unterschiedliche Techniken zu einem Bild.

▶▶ „On The Banking" betitelt Robin Bark seinen Kunstdruck. Ein Bentley und ein Delage auf der ebenso genannten Steilkurve der Brooklands Rennstrecke in Surrey/Großbritannien.

47

rierende Automodelle darstellen. Das verwendete Material ist hauptsächlich poliertes Aluminium. Seine Bilder erinnern an Poster und zeigen die Objekte häufig mit so wenig Details wie möglich.

"A classic car is a piece of art. It is rolling Art. It is metal sculpture, and I do not see a big difference between a work of Henry Moore or Giacometti and a beautiful designed car."

Prescott Kelly, Herausgeber Sports Car Market, Porsche Panorama

AUTODESIGN

Dem endgültigen Design eines Automobils gehen und gingen in der Regel gezeichnete Studien voraus, meist aber dreidimensionale Darstellungen.

> Jede Epoche seit mehr als 100 Jahren versucht sich daran, Autos gestalterisch höchstwertig zu formen. Nicht immer jedoch mit Erfolg. Und diese Autos wiederum sind manchmal Basis für Skulpturen, ihre Kleider blecherne, „bewegliche Leinwand".

Manchmal jedoch waren die kleinen Skulpturen zuerst da. Einer, der sich dem Auto-Design verschrieb, war ***Flaminio Bertoni*** (1903–1964), und obwohl gleichfalls Italiener, sei er nicht zu verwechseln mit Giuseppe „Nuccio" Bertone. Flaminio war von Berufs wegen „Karosseriegestalter", eigentlich aber Bildhauer und er gestaltete seine Meisterwerke daher zuerst in Ton. Seine Meisterwerke hießen: Citroën Traction Avant, 2 CV, DS/ID und Ami 6.

Die Kunst des Automobil-Designs brachte unleugbar wunderschöne Karossen hervor, auch wenn diese von den technischen Vorgaben zu Sicherheit, Verbrauch und Herstellungskosten in ein sehr enges Korsett gequetscht sind. Basis für diese Tätigkeit ist aber nicht allein Talent, sondern ebenso eine entsprechende Ausbildung. So gibt es beispielsweise, und wieder „pars pro toto", das ***Artcenter College of Design*** in Pasadena/California oder das ***Royal College of Arts*** in London. An beiden, ACD wie RCA, wird automotive Kultur und Architektur gelehrt, immer unter dem Aspekt der „Vergangenheit des zukünftigen Designs".

Franz Steinbacher dazu: *„Es gibt einige Autos, die absolute Kunstwerke sind, etwa Pinin Farinas D202 Gran Sport Coupé für Cisistalia, seine Ferrari 250 GT Berlinetta SWB oder der Mercedes 300 SL Flügeltürer und sicher auch der Jaguar X KE-Type. Autodesigner sind oft schon sehr nahe an den Künstlern."*

BILDERJAGD

René Staud – oder „Die Kunst des Auto-Fotografierens als Fotografier-Kunst":

„Klassische Autos können zu Kunstwerken mutieren, wenn sie so besonders sind, so außergewöhnlich. Fotos von Oldtimern sind nur dann Kunst, wenn sie einmalig interpretiert sind und eine persönliche Handschrift haben. Insofern gilt Kunst vor Photographie. Altes Blech, wenn es eine Einmaligkeit hat, oder eine Handschrift zeigt, dann ist es Kunst."

William Anthony, gefeierter amerikanischer Fotograf, kann an keinem Auto vorbeigehen ohne in dessen Front ein Gesicht zu erkennen. Zusammen mit dem Museum ***„The LeMay"*** in Tacoma/Washington, das hauptsächlich amerikanische Klassiker zeigt, fotografierte Antony daher ausschließlich die vorderen Ansichten, also die „Gesichter" dieser Autos. Die Ausstellung sollte nicht nur „car nuts" begeistern, sondern jedermann und -frau, der und die sich der Faszination „Ich werde von einem Auto beobachtet“ nicht entziehen wollten.

ART DÉCO UND DIE AUTOS DIESER ZEIT

Die – bisher – wohl prägendsten, stilistisch langlebigsten und am meisten Aufmerksamkeit erlangenden Automobile stammen aus der Zeit des Art Déco. Diese dem Jugendstil folgende, durch ihre extravagante Stilgebung gekennzeichnete Periode von 1920 bis 1940, war eine des Aufbruchs: der Beginn der klassischen Moderne. Manche extravaganten und teuren Automobile wurden, man könnte fast sagen „hemmungslos fließenden Formen“ ausgeliefert, und vermeintlich stromlinienförmige Gebilde mit auslaufenden Hecks, sowie schneckenartige Karossen zeugen von den damaligen Schönheitsidealen.

Peter W. Mullin hat extra für die Autos dieser Zeit ein Museum eingerichtet, das ***Mullin Automotive Museum*** in Oxnard/California. *“For me the French automobiles of the 1920s and 1930s represent the pinnacle of twentieth-century art and design.”* Gefunden auf der Seite: mullinautomotivemuseum.com

Als hervorragende Beispiele für Art Déco im Autodesign seien hier genannt: Voisin C 25 Aérodyne, Delahaye 135M, Talbot-Lago T150C, Hispano-Suiza Xenia, Chrysler Airflow oder auch der Spezial-Roadster Mercedes 500K für König Failsal I. Die spektakulärsten Karosseriebauer dieser Goldenen Epoche: Figoni & Falaschi, Saoutchik, T H Gill, Reinboldt & Christé, Erdmann & Rossi, Henry Chapron, Letourner & Marchand, Gangloff, Mulliner oder Park Ward – wahre Künstler, wenngleich mit dem Hammer und nicht mit einem Pinsel.

Zum Abschluss noch zwei besonders berufene Stimmen zum Thema Classic Car and Art:

Simon Kidston, Klassiker-Guru: *“The motorcar is increasingly considered a work of art on four wheels. I do not necessarily disagree with that definition, where it’s deserved. However, we have to avoid falling into the trap contained in the story of ‘The Emperor’s New Clothes’. Not every old car is beautiful. Some old cars are just old! But others really have become an art form. If you take the case of a very well-known car, an extremely celebrated car, the Bugatti Atlantic from Ralph Lauren’s collection, that is art. Ettore Bugatti came from a family of artists, their creative credentials were well established, long before they started making cars. That is art.*“

Ronald Kooyman, Kurator des Louwman Museums zur Auto-Kunst: *“If something brings emotions to you – than you can talk about art. And if a car does the same, it is art.”*

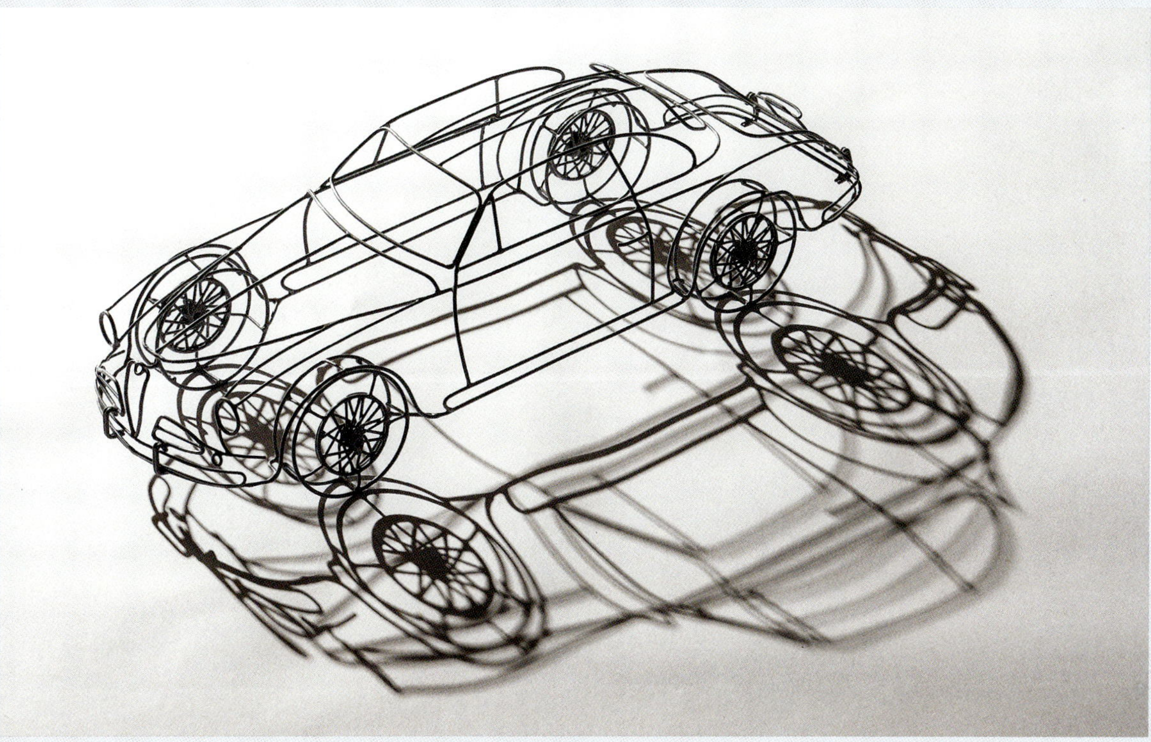

Giuseppe Carus formt aus Draht wahre Kunstwerke. Jeder von Hand geformte Wireframe Car ist ein Unikat.

SPECIAL 8

Oldtimer und die Liebe – oder: Das Leben ist schön

Der italienischer Meisterregisseur Roberto Rossellini präsentiert stolz seine junge Muse, die gar nicht kühle Skandinavierin Ingrid Bergmann. Die nicht ahnen kann, dass nach ihr später ein Ferrari benannt werden wird. Foto: picture alliance/ Associated Press

▶ Austro-Daimlers Kühlerfigur verschoss Amors Liebespfeile – sobald der Frühling nahte.

"Dear Mr. Rossellini. I saw your films 'Open City' and 'Paisà', and enjoyed them very much. If you need a Swedish actress who speaks English very well, who has not forgotten her German, who is not very understandable in French, and who, in Italian knows only 'ti amo' I am ready to come and make a film with you."

Angeblich die Worte von Ingrid Bergmann – bevor die beiden nicht nur drei Filme miteinander drehten, sondern auch eine bis heute mitgefühlte Liebesgeschichte begannen. Zu einem Zeitpunkt als die Beiden aber noch verheiratet waren; nur nicht miteinander …

Und was hat das mit Oldtimern zu tun? Ganz, ganz viel, denn der berühmte italienische Regisseur Roberto Rossellini, ein Freund Enzo Ferraris, schenkte seiner späteren Frau zum ersten Hochzeitstag im Jahre 1951 einen Ferrari 212, und 1954 ließ er sogar ganz speziell für sie einen weiteren anfertigen: jenen silberfarbenen Typ 375 MM, der heute, ob dieses Hintergrundes, einen ganz besonderen Wert hat. Er heißt sogar: The Bergmann Ferrari!

Im Jahre 1953 nahm Rossellini dann mit Aldo Tonti an der Mille Miglia teil, fiel aber nach rund 7:28 aus der Wertung. Die Einen sagen, er hatte einen technischen Defekt, die Anderen meinen zu wissen, dass sich Ingrid Bergmann in Rom auf die Kühlerhaube des Ferrari geworfen haben soll, um zu verhindern, dass ihr Ehemann das immens gefährliche Rennen fortsetzt. *Se non è vero, a ben travato* … und wenn's nicht wahr ist, so ist's halt gut erfunden …

Ganz so dramatisch geht es bei der Mille Miglia nicht immer zu, aber die Liebe – nicht nur zu

AUSTRO DAIMLER

den alten Autos – ist dort viel präsenter als man glaubt. Vor ein paar Jahren durfte ich das State-of-Art-Team bei der MM mitorganisieren, und neben anderen berühmten Teilnehmern, war auch Prinz Carl Philip von Schweden in unserem Team. Ein eher schüchterner junger Mann, der aber, sobald er auftaute, wunderbar in unser Team passte. Er fuhr sehr gut Auto, hatte Spaß an der großartigen Veranstaltung. Mit einem Wort, er genoss die Freiheit, tun zu dürfen was er wollte. Und er brachte seine entzückende junge Freundin mit, die heutige Prinzessin Sofia. Es war herzerfrischend, die beiden turteln zu sehen, zu einer Zeit da man in Schweden noch nicht so ganz überzeugt war, ob diese Beziehung auch standesgemäß sei. Zum Glück hat sich das dann bald geändert.

Aber nicht nur bei Oldtimer-Events findet sich die Verbindung altes Auto und neue Liebe. Kaum eine größere Hochzeit ereignet sich heute, ohne dass die Braut im historischen Automobil zur Kirche gebracht wird, oder, wie Prinz Harry und seine Meghan, ab dann Duchess of Sussex, nach den Feierlichkeiten im Oldtimer in die Flitterwochen entkommen. Warum das allerdings in einem Linkslenker passierte, statt in einem Rechtslenker, ist mir heute noch ein Rätsel.

> Viel öfter, als man glaubt, findet sich die Beziehung von Liebe und Oldtimer. Paare fühlen sich wohl bei den Alten beschützt, die harmonische Ausstrahlung derselben vermittelt offensichtlich das Gefühl der Geborgenheit, der Verbindung.

▶▲ Liebe ist … zusammen nach den Sternen zu greifen (Kim Casali)

▶ Manch ein Pärchen traut sich an einen sicheren Hafen wie den Volvo Amazon, manch andere trauen sich darin

VOLVO

Finale mit drei Göttlichen: die unvergessliche Greta Garbo, eine prächtige Kühlerfigur und der wunderbare Isotta Fraschini

Isotta Fraschini
IF

Anhang – oder: *Auch Leidenschaft braucht Infos*

Oldtimer und Messen (Beispiele)

Januar:

InterClassics Maastricht
Forum 100, Maastricht, Belgien, Tel.: +31 43 38 38 333, www.interclassicsmaastricht.nl

Februar:

Rétromobile
Expo, Porte de Versailles, Paris, Frankreich, Tel.: +33 1 76 77 11 11, www.retromobile.com

Automotoretro
Turin, Italien, Telefon +39 011 35 09 36, www.automotoretro.it/

März:

The London Classic Car Show
London E16 1XL, Telefon +44 3300 555 750, www.thelondonclassiccarshow.co.uk

Antwerp Classic Salon
Jan van Rijswicklaan 191, Antwerpen, Belgien Tel.: +32 2407 17300, www.antwerpclassicsalon.be

Retro Classics
Messepiazza 1, Stuttgart, Deutschland , Tel.: 49 711 18560 0, www.retro-classics.de

ClassicAuto
Casa de Campo, Madrid, Spanien, Tel.: +34 935 159 833, http://english.classicautomadrid.com

Emirates Classic Car Festival
Downtown Dubai, Dubai, Vereinigte Arabische Emirate, www.emiratesclassiccarfestival.com

Technorama Kassel
Messe Kassel, Damaschkestr. 55, Kassel, Deutschland, Tel.: +49 731 189 680, http://www.technorama.de

Piston Power Show
Riverside Drive, Cleveland, USA, Tel.: +1 216 265 2592, http://www.pistonpowershow.com

März/April:

Techno Classica
Norbertstraße 2, 45131 Essen, Deutschland, Tel.: +49 24 07 17300, www.siha.de

Veterama Hockenheim
Am Motodrom
Hockenheim, Deutschland, Tel.: +49 6203 135 07, http://www.veterama.de

Motortechna Brno
Messegelände Brünn, Brünn, Tschechien, Tel.: +420 736 210 200, http://www.motortechna.cz

Mai:

Oldtimer-Messe Tulln
Tulln, Österreich, Tel.: +43 2272 66466, www.oldtimermesse.at

Juni:

MOTORWORLD Classics Bodensee
Neue Messe, Friedrichshafen, Deutschland, Tel.: +49 7541 708 405, www.motorworld-classics-bodensee.de

Oldtimer-Messe-Uster
Stadt-und Landihalle Uster, Uster, Schweiz, Tel.: +41 55 240 81 73, www.oldtimermesse.ch

September:

Oldtimermesse Laufen
Freizeithalle Naustraße, Laufen, Schweiz, Tel.: +41 76 373 60 89, http://squadrarotberg.ch

Classic Moto Show
Museum of Motorization Foundation, Krakau, Polen, Tel.: +48 604 757 085, http://classicmotoshow.pl

Oktober:

RACV Motorclassica
Melbourne, Australien, Tel.: +61 3 9321 6760, www.motorclassica.com.au

Classic Expo
Am Messezentrum 1, 5020 Salzburg, Salzburg, Österreich, Tel.: +43 662 24 04 35, www.classicexpo.at

AUTO MOTO D´EPOCA
Via Fornace Morandi 24, Padua, Italien, Tel.: +39 049 738 68 56, https://autoemotodepoca.com

MOTORWORLD Classics Berlin
Messe Berlin ExpoCenter City, Berlin, Deutschland, Tel.: +49 6151 46 08 30, www.motorworld-classics.de

Oktober/November:

Lancaster Insurance Classic Motor Show
NEC, North Ave, Birmingham B40 1NT, Großbritannien, Tel.: +44 20 7384 8142, www.necclassicmotorshow.com

Auto Retro
Fira de Barcelona, Barcelona, Spanien, Telefon +34 934 105 300, https://autoretro.es

Dezember:

Retromóvil Auto Moto
Feria de Madrid, Madrid, Spanien, Tel.: +34 986 44 16 70, http://www.eventosmotor.com

Oldtimer und Teilemärkte (Beispiele)

DEUTSCHLAND

Mai:

Ulmer Technorama
Messegelände Böfinger Straße 50, Ulm, Deutschland, Tel.: +49 731 18968-0, E-Mail: info@technorama.de, www.technorama.de

Autoflohmarkt in Schenefeld bei Hamburg
Stadtzentrum, Kiebitzweg 2, Schenefeld, Deutschland, Tel.: +49 176 84565228, E-Mail: info@cardealz.de, www.cardealz.de

August:

Klassiker-Tage Schleswig-Holstein
Holstenhallen, Justus-von-Liebig-Straße 2–4, Neumünster, Deutschland, Tel.: +49 4321 910 104, E-Mail: info@ktsh.de, www.ktsh.de/klassiker-tage

Oktober:

Veterama Mannheim
Xaver-Fuhr-Straße 101, Mannheim, Deutschland, Tel.: +49 6203 13507, E-Mail: info@veterama.de, www.veterama.de

GROSSBRITANNIEN

September/Oktober:

International Autojumble Beaulieu
Beaulieu, New Forest, Hampshire, Großbritannien, Tel.: +44 1590 614614, E-Mail: events@beaulieu.co.uk, www.beaulieu.co.uk/events/international-autojumble

von Mai bis Dezember:

Newark Car & Motorcyle Autojumbles
Newark Showground, Lincoln Rd., Newark, Großbritannien, Tel: +44 1 507 529 470, E-Mail: info@newarkautojumble.co.uk, www.newarkautojumble.co.uk

USA

Oktober:

Hershey Fall Meet, PA, Hershey Region AACA, Hershey, PA, USA , Tel.: +1 717 566 7720, E-Mail: hr@hersheyaca.org, www.hersheyaaca.org

ÖSTERREICH

April/Mai:

Oldtimer-Teilemarkt Frikus
Industriestraße 30, Unterpremstätten, Österreich, Tel.: +43 676 840 243 319, E-Mail: office@rbo.at, www.rbo.at/termine/oldtimermarkt-frikus

August:

Oldtimer- und Teilemarkt St. Pölten
VAZ-Kelsengasse, St. Pölten, Österreich, Tel.: +43 676 840 243 319, E-Mail: patrick.vogt@nxp.at, www.nxp.at

SCHWEIZ

März:

Oldtimer Teilemarkt Fribourg
Expo Centre, Route du Lac 12, Granges-Paccot, Freiburg, Schweiz, Tel.: +41 26 467 20 00, E-Mail: info@oldtimer-teilemarkt.ch, www.oldtimer-teilemarkt.ch

Juni:

OMU Oldtimer Messe Uster
Landihallenweg, Uster, Schweiz, Tel.: +41 55 240 81 73, E-Mail: oldiruedi@bluewin.ch, www.oldtimermesse.ch

November:

Oldtimer und Teilemarkt Winterthur
Eulachhallen, Wartstraße 73, Winterthur, Schweiz, Tel.: +41 79 426 21 26,, E-Mail: info@GP-Event.ch, www.gp-event.ch

Oldtimer und Treffen (Auswahl)

Power Big Meet
Johannisbergs airport, Västerås, Schweden, Tel.: +46 40 472939, www.bigmeet.com

Wörthersee Treffen – vormals GTI-Treffen
Süduferstraße 115, Maria Wörth, Österreich, Tel.: +43 42732050, www.woertherseetreffen.at

BMW-Syndikat
Flugplatz Obermehler-Schlotheim, Obermehler, Deutschland, Tel.: +49 1805 552766, www.syndikat-asphaltfieber.de

Corvette Funfest
Mid America Motorworks, Effingham, Illinois, USA, Tel.: +1 866 309 3973, http://www.corvettefunfest.com

British Classic Car Meeting St. Moritz
Parkplatz Signalbahn, St. Moritz, Schweiz, Tel: +41 81 837 33 88, www.bccm-stmoritz.ch

PPG Syracuse Nationals
NY State Fairgrounds, Syracuse, New York, Tel.: +1 315 668 9703, www.rightcoastcars.com

Fleetwood Country Cruize-In
Canadian Automotive Museum, London, Ontario, Canada, Tel.: +1 519 657 9040, www.fleetwoodcountrycruizein.com

Internationales Trabantfahrer Treffen
Flugplatz von Anklam, Vorpommern-Greifswald, Zwickau, Tel.: +49 375 2717380, www.intertrab.com

Youngtimer Event
Havenstraat, Doetinchem, Niederlande, Tel.: +31 314 64 21 09, /www.youngtimerevent.com

British Car Day
Bronte Provincial Park, Toronto, Canada, Tel.: +1 905 331 1496, www.torontotriumph.com

Back to the 50s
Minnesota State Fairgrounds, Minnesota, USA, Tel.: +1 507 226 7518, https://msrabacktothe50s.com

Lancaster Insurance Classic Motor Show
Birmingham NEC, Birmingham, GB, Tel.: +44 20 7384 7700, www.necclassicmotorshow.com

Oldtimer und Museen (Beispiele)

AUSTRALIEN

Gosford Classic Car Museum,
3-13 Stockyard Pl., West Gosford NSW 2250, Australien, http://gosfordclassiccarmuseum.com.au/, Tel.:+61 2 4320 0000, Öffnungszeiten: 09:00–17:00 Uhr

ÖSTERREICH

Technisches Museum Wien
Mariahilfer Str. 212, 1140 Wien, Österreich, Tel.: +43 1 899980, http://www.technischesmuseum.at/

fahr(T)raum
Passauer Straße 30, 5163 Mattsee, Österreich, Tel.: +43 6217 592 32, http://fahrtraum.at/

Porsche Automuseum Helmut Pfeifhofer
Riesertratte 4a, 9853 Gmünd, Österreich, Tel.: +43 4732 2471, www.auto-museum.at/

DEUTSCHLAND

Automuseum Prototyp
Shanghaiallee 7, 20457 Hamburg, Deutschland, Tel.:+49 40 39996968, www.prototyp-hamburg.de/

Auto & Technik Museum Sinsheim
Museumsplatz, 74889 Sinsheim, Deutschland, Tel.: +49 7261 9299 0, http://sinsheim.technik-museum.de/

BMW Museum
Am Olympiapark 1, 80809 München, Deutschland, Tel.: +49 89 1250 160 01, www.bmw-welt.com/de/

Das TraumWerk
Zum Traumwerk 1, 83454 Anger-Aufham, Deutschland, Telefon +49 8656 989500, www.hanspeterporsche.com/

Mercedes Museum
Mercedesstraße 100, 70372 Stuttgart, Deutschland, Tel.: +49 711 1730000, www.mercedes-benz.com/de/mercedes-benz/classic/museum/

Porsche Museum
Porscheplatz 1, 70435 Stuttgart, Deutschland, Tel.: +49 711 91120911, www.porsche.com/museum

Zeithaus
Stadtbrücke, 38440 Wolfsburg, Deutschland, Tel.: +49 5361 400, www.autostadt.de/de/autostadt-erkunden/zeithaus/

FRANKREICH

Cité de l'Automobile
15 Rue de l'Épée, 68100 Mulhouse, Frankreich, Tel.:+33 3 89 33 23 23, www.citedelautomobile.com/

NIEDERLANDE

Louwman Museum
Leidsestraatweg 57, 2594 BB Den Haag, Niederlande, Tel.: +31 70 304 7373, www.louwmanmuseum.nl/

GROSSBRITANNIEN

Donington Grand Prix Collection
Donington Ln, Castle Donnington, Derbyshire DE74 2RP, Großbritannien, Tel.: +44 1332 811027, www.donington-collections.co.uk

British Motor Museum
11 Banbury Road, Gaydon CV35 0BJ, England, Tel.: +44 1 926 641 188, www.britishmotormuseum.co.uk

ITALIEN

Museo Nazionale dell'Automobile
Corso Unità d'Italia, 40, 10126 Torino TO, Italien, Tel.: +39 011 677666, www.museoauto.it

Museo Ferrari
Via Alfredo Dino Ferrari, 43, 41053 Maranello MO, Italien, Tel.: +39 0536 949713, https://musei.ferrari.com

SCHWEIZ

Pantheon Basel
Hofackerstraße 72, 4132 Muttenz, Schweiz, Tel.: +41 61 466 40 66, www.pantheonbasel.ch/

Monteverdi Automuseum
Oberwilerstraße 20, 4102 Binningen, Schweiz, Tel.: +41 61 421 45 45, www.monteverdi-automuseum.com/index.html

Verkehrshaus der Schweiz
Lidostraße 5, 6006 Luzern, Schweiz, Tel.: +41 41 370 44 44, www.verkehrshaus.ch/

USA

Indanapolis Motor Speedway Museum
4790 West, 16th Street, Speedway, Indiana 46222, Tel.: +1 317 492-6784, www.indyracingmuseum.org/

Mullin Automotive Museum
1421 Emerson Avenue, Oxnard, CA 93033, Tel.: +1 805 385 5400, www.mullinautomotivemuseum.com/

Petersen Automotive Museum
6060 Wilshire Blvd., Los Angeles, Tel.: +1 323 930 2277, http://petersen.org

Oldtimer und Concours d´Elegance (Beispiele)

Pebble Beach Concours d'Elegance
www.pebblebeachconcours.net

Amelia Island Concours d'Elegance
www.ameliaconcours.org

Concorso d'Eleganza Villa d'Este
www.concorsodeleganzavilladeste.com

Classic-Gala Schwetzingen
www.classic-gala.de

Tokyo Concours d'Elegance
www.concours.jp

Classic Days Schloss Dyck
www.classic-days.de

Retro Classic meets Barock
www.retro-classics-meets-barock.de

Concours of Elegance 2016 at Windsor Castle
www.concoursofelegance.co.uk

Salon Privé
www.salonpriveconcours.com

Kuwait Concours d'Elegance
www.kuwaitconcours.com.kw

Oldtimer und Marktbeobachtung (Beispiele)

Classic Analytics:
www.classic-analytics.de

Classic Data:
www.classic-data.de

Classic Trader:
www.classic-trader.com/uk/cars

ClassicCarPrice:
www.classiccarprice.com

Nada Guides:
www.nadaguides.com/Classic-Cars

Collector Car Market Review:
www.collectorcarmarket.com

Historic Automobile Group:
www.historicautomobilegroup.com

Hagerty Market Rating:
www.hagerty.com

Simon Kidston, K500:
www.kidston.com

Oldtimer und Versteigerungen (Beispiele)

Artcurial
www.artcurial.com

Auctionata – online
www.auctionata.com

Bonhams
www.bonhams.com

Dorotheum
www.dorotheum.com

Galerie Fischer
www.fischerauktionen.ch

Gooding
www.goodingco.com

H&H
classic-auctions.com

Oldtimer Galerie Toffen
www.oldtimergalerie.ch

Mecum
www.mecum.com

RM/Sotheby's
rmsothebys.com

Scottsdale
www.experiencescottsdale.com

Oldtimer und Rallyes (Beispiele)

European Historic Sporting Rally Championship
www.fia.com/events/european-historic-rally-championship

Historic-Rallye-Cup
www.historic-rallye-cup.de

Historic Rally Car Register
www.hrcr.co.uk

Lüttich-Rom-Lüttich
www.liege-sofia-liege.org

Tour Auto
www.tourauto.com

Carrera Panamericana
www.panamrace.com

Festival of Speed, Goodwood
www.goodwood.com

Race Car Trophy
www.ennstal-classic.at

Targa Tasmania
www.targa.com.au

Targa Florio Classic
www.targa-florio.it

Kopenhagen Historic Grand Prix
www.chgp.dk

Vintage Dirt Track Race
www.daararacing.org

AvD-Histo-Monte
www.avd-histo-monte.com

Rallye Monte-Carlo Historique
www.acm.mc/rallye-monte-carlo-historique

Planai Classic
www.planai-classic.at

Wintertrial
www.thewintertrial.nl

Winter Raid
www.raid.ch

Winterclassic, HQ Teichalm
www.classic-rallye-club.at

Oldtimer und Regularities (Beispiele)

DEUTSCHLAND

August:
Sachsen Classic
Dresden, Deutschland, rallyes@motorpresse.de, event.motorpresse.de/rallyes/sachsen-classic

Hamburg-Berlin-Klassik
Hamburg, Deutschland, hamburg-berlin@autobild.de, www.autobild.de/klassik/oldtimerrallye

NIEDERLANDE

Mai:
Tulpenrallye
Haarlem, Niederlande, rallyoffice@tulpenrallye.nl, tulpenrallye.nl

ITALIEN

Mai:
Mille Miglia
Brescia, Italien, info@1000miglia.it, www.1000miglia.eu

September:
Gran Premio Nuvolari
Mantua, Italien, org@gpnuvolari.it, www.gpnuvolari.it

ÖSTERREICH

April:
Südsteiermark Classic, Gamlitz, Österreich,
office@suedsteiermark-classic.com, www.suedsteiermark-classic.com

Mai:
Gaisberg Rennen
Salzburg, Österreich, info@src.co.at, www.src.co.at/de/

Juni:
Kitzbüheler Alpenrallye
Kitzbühel, Österreich, organisation@alpenrallye.at, www.alpenrallye.at

Juli:
Ennstal Classic und Rececar Trophy
Gröbming, Österreich, office@ennstal-classic.at, www.ennstal-classic.at

Silvretta Classic
Montafon, Österreich, rallyes@motorpresse.de, silvretta-classic.de

SCHWEIZ

Juli:
Indianapolis in Oerlikon
Zürich, Schweiz, rennbahn-oerlikon@bluewin.ch, rennbahn-oerlikon.ch

September:
KlausenRennen – Memorial
Klausenpass, Glarner Alpen, Schweiz, willkommen@klausenrennen.com, klausenrennen.com

Einen tollen Überblick über fast alle bedeutenden Oldtimer-Rallyes bieten diese Seiten: www.zwischengas.com und vhclassics.de

Oldtimer und Reisen (Beispiele)

www.classic-event-organisation.eu

www.nostalgic.de

www.classic-car-events.de

www.adac.de/reise_freizeit/ratgeber_reisen/fahrzeug_reisen/oldtimer-reisen

www.romantikhotels.com/de/arrangements/klassiker-kurven-kulinarik

www.seefeldclassictour.com

www.classiccartoursinternational.co.uk

www.drivingtours.com.au

www.classictravelling.com

www.rallytours.co.nz

www.oldtimer-kulturreisen.ch

www.travelrite.com.au/classic-car-tours.html

Oldtimer-Versicherungen

Beispiele von einigen europäischen Oldtimer-Versicherern und Maklern in alphabetischer Aufzählung. Über die deutschen oder internationalen Netzseiten kommt man in der Regel auch auf die nationalen Seiten.

adac.de

allianz.de

axa.de

baloise.ch

belmot.ch

cascar.at

europa.de

footmanjames.co.uk

garanta.at

hagerty.com

helvetia.ch

hiscox.de

lancasterinsurance.co.uk

mobiliar.ch

occ.eu

sara.it

sav.at

rac.co.uk

santanderconsumer.it

supermoney.eu

tcs.ch

urich.de

uniqa.at

vav.at

wuerttembergische.de

Oldtimer und Modellautos (Beispiele)

brooklinmodels.com

bburago.com

carmodel.com

ck-modelcars.de

cmc-modelcars.de

collectablediecast.com

corgi-usa.com

diecastmodelcars.com

dinkysite.com

emodels.co.uk

galaxus.ch

guelpen.com

haertle.de

harveys-matchbox.de

kalaydo.de

kleine-klassiker.de

majorette.com

mercedes-benz-classic-store.com

modelcarworld.de

modellauto18.de

modellautocenter.de

moyshop.de

oldtimer-markt-shop.de

ricardo.ch

sammlerautos.co.at

sapormodelltechnik.de

shop2.porsche.com

shop.mattel.com

siku-shop.ch

solido.com

tecnomodelcar.com/vintagetoysauctions.com

vintagebritishdiecasts.co.uk

xsdreams.de

Mit Feuer unterm Hintern und Benzin im Blut auf dem Weg zu den nächsten Projekten: Dani, Lothar und Richard

NNEBAGO

Gedankenaustausch …

DANKSAGUNG

Wären wir in Hollywood, würden wir nun vielleicht als Oscarpreisträger die Bühne betreten und voller Rührung und mit bebender Stimme allen unseren Lieben danken. Unseren Familien, dem Verlag, den Psychologen, Diätberatern und Physiotherapeuten. Ob das bei Pulitzer-Preisträgern auch der Fall ist, wissen wir nicht. Und ob wir überhaupt je Anspruch auf irgendeinen weiteren Preis haben werden, wissen wir noch weniger. Den Hauptpreis, nämlich in dieser Zeit an diesem Ort leben zu dürfen, haben wir ohnedies schon erhalten.

Dennoch ist es uns ein Bedürfnis, Danke zu sagen. Danke den vielen Helferinnen und Helfern, ohne die dieses Werk nicht hätte entstehen können. Danke auch den Interviewpartner und -partnerinnen, dank derer wir so viele authentische Statements bekamen, die das wunderbare Thema Oldtimer aus jeweils eigener Sicht beleuchten.

Fotos sind nicht einfach Fotos, dazu braucht es oft ein großes Entgegenkommen, sei es mit Geduld und Zeit beim Fototermin oder Hilfe und Unterstützung für die Location und den besonderen Fotostandpunkt. Danke an alle, die in irgendeiner Weise bei einem dieser Bilder mitgeholfen haben – und natürlich in besonderer Weise den Fotomodellen.

So dürfen wir in alphabetischer Ordnung die zu Bedankenden ohne Anführen Ihres tollen Zutuns nennen: Dru und Ian, Grega, Hans-Karl, Helmut und Herta – hier darf ich mit einer kurzen Beschreibung ihres besonderen Einsatzes eine Ausnahme machen – für ihr unermüdliches und liebevolles Engagement rund um die Texte, die oft stündlich per E-Mail zwischen uns hin- und herflogen. Nein, nicht weil wir uns dabei nicht in die Augen sehen wollten, sondern weil die Texte in Piran/ Slowenien entstanden, und meine liebe Frau derweil zu Hause werkelte und antwortete. Und überhaupt. Weiters: Intschi, Lothar R., Michael und Richenda, Niki, Sophie und Stephanie.

DIE AUTOREN

Der Grazer Richard Kaan (Jahrgang 1954) studierte zunächst Jura, später dann Maschinenbau. Außerdem arbeitete er als Mechaniker und als Fahrlehrer an einer Schule für Rennfahrer. Nach einer erfolgreichen Zwischenstation als Konstrukteur und Fahrzeugbauer widmete er sich mit seiner eigenen Firma der Restauration historischer Fahrzeuge. Heute ist der Autor Gerichtsgutachter für die von ihm geliebten Oldtimer.

Dem Schweizer Daniel Reinhard (Jahrgang 1960) liegt das Fotografieren im Blut. Schon der Großvater Joseph Reinhard war passionierter Landschaftsfotograf. 1979 übernahm Daniel Reinhard die Formel-1-Fotografie seines Vaters Sepp Reinhard. Bis 2016 verfolgte er fotodokumentarisch die Rennszene, seine Aufnahmen erschienen in Zeitschriften und Magazinen weltweit – und natürlich auch in Büchern. Zusammen mit Bruno von Rotz und Balz Schreier betreibt er die Website „Zwischengas“, die sich ganz dem Thema Oldtimer widmet.

BILDNACHWEIS

S. 6 H-J. Stuck
S. 40 State of Art
S. 45 Museo Autovovilistico de Málaga/Spanien
S. 46 Rubirosa
S. 47 Museo Autovovilistico de Málaga/Spanien
S. 57 oben Louwman Museum
S. 75 unten links BMW/Mini
S. 101 oben Vehicle-Experts/Ungarn
S. 104 unten links BildHauer
S. 134 Bruno von Rotz
S. 139 Bruno von Rotz
S. 190/91 State of Art
S. 192 Heinz Bauer
S. 193 Chopard
S. 194 TAG Heuer
S. 195 unten Fa. Junghans
S. 196 oben Chopard
S. 200 Bruno von Rotz
S. 224 oben Foto Gerard Brown
S. 236 oben rechts State of Art
S. 241 unten State of Art
S. 241 unten State of Art
S.251 unten Fa. Junghans
S. 263 links oben TAG Heuer
S. 263 rechts unten BildHauer
S. 268 Robin Bark
S. 269 Uli Hack
S. 270 René Staud
S. 271 Robin Bark
S. 274 picture alliance/Associated press
S. 277 Senarclens de Grancy/Lothaller

Alle anderen Aufnahmen stammen von
Daniel Reinhard.

IMPRESSUM

Verantwortlich: Lothar Reiserer
Layout und Satz: Helen Garner
Schlusskorrektur: Michael Dörflinger
Repro: LUDWIG:media
Einbandgestaltung: Ralph Hellberg
Herstellung: Vanessa Brunner
Printed in Europe by GPS Group

Sind Sie mit diesem Titel zufrieden? Dann würden wir uns über Ihre Weiterempfehlung freuen. Erzählen Sie es im Freundeskreis, berichten Sie Ihrem Buchhändler, oder bewerten Sie das Werk online. Und wenn Sie Kritik, Korrekturen oder Aktualisierungen haben, freuen wir uns über Ihre Nachricht an den GeraMond Media Verlag, Postfach 40 02 09, D-80702 München oder per E-Mail an lektorat@verlagshaus.de.

Unser komplettes Programm finden Sie unter

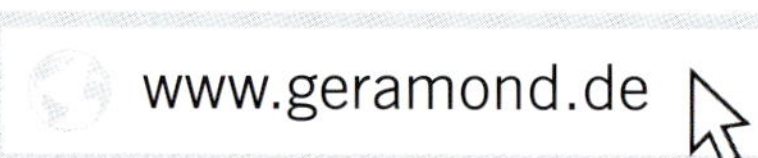

Die Deutsche Nationalbibliothek verzeichnet diese Publikation in der Deutschen Nationalbibliografie, detaillierte bibliografische Daten sind im Internet über http://dnb.d-nb.de abrufbar.

3. Auflage der Sonderausgabe

Infanteriestraße 11a, 80797 München
ISBN 978-3-96453-540-5